Sakurai Yutaka

農業生産力論
水田酪農論

桜井 豊

筑波書房

目　次

農業生産力論

本書の底本となる『農業生産力論』は昭和二三年七月に、株式会社八雲書店（東京）から発行された。再刊にあたり附として収録されていた三編（「その一　世界諸邦の農業生産力」「その二　米国農業と其の生産力」「その三　我が稲作農業に於ける播種量と倍率について」）は割愛した。また、原著中の旧字、旧仮名遣いはすべて現代語に改め、明らかな誤記は訂正した。

序文

『より高度の農業のみが、ひとりより合理的と呼ばれ得る。
そして両者は一つである』

（アルブレヒト・テーヤ）

今は過去となった悪夢のような戦争のさ中に於て、私は二つの研究をやり始めて居た。その一つは「水田輪作、水田酪農」に関する研究であり、今一つはここに公刊する「農業生産力論」である。農業生産力の問題は農業問題の中枢に位置すべき重要問題であるにかかわらず、必ずしも深く研究せられては居ない。所謂「生産力論争」なるものも常識の範囲を脱せず、低度極まるものであった。私は農業問題の経済学的研究に身を委ねる一学究として、農業理論の新体系の確立を期し、「農業生産力論」を担当して来た。「生産力論争」に結末を与え、日本農業に対して確固たる進路を見出すということが本書の主眼となって居る。

最近大塚久雄教授は、著書『近代化の歴史的起点』の中で、次のように説いて居られる。「歴史がわれわれに与える科学的教訓はこうである。生産力こそ、富であり、富裕であり、経済的繁栄である。生産力から遊離した富あるいは富裕あるいは経済的繁栄は、それが生産力の基礎から遊離しているかぎりにおいて、錯覚であり幻像である。がしかもこの富の錯覚や経済的繁栄の幻像は、それが生産力の基礎から遊離するほど、その社会的危険性もまた増大するのである」と。

この説明は、云うまでもなく正しい。経済繁栄の実体を形作るものは、なによりも生産力の建設と拡充でなければならない。そこで問題を農業に移して考えて見よう。農業の生産力の建設拡充とは如何なることであるか。

この点に就てヒントを得るため、大塚氏は次のような分析を行って居る。即ち十六・七世紀のイギリス農民とわが国の現在の農民とを対比し、先づ耕地面積を、次いで労働の集約度を検討する。そしてこう結論される。「イギリスの封建的農民においては、その耕地面積は、相当に大規模であったにもかかわらず、その経営は極めて粗放であった。つまり相当大きな面積を耕作しながら、しかもそこから挙げられる収穫はわが国の事情と対比してみると、ちょっと想像が出来ないくらい小さいものであった。農業経済学上の用語を借りるならば、土地の生産性はわれわれには、極めて意外なほど低かった。このことは、穀物の播種量に対する収穫量の比率を見てもよくわかる。……土地生産性の低さは、わが国農民の意識から考えた場合、ほとんど馬鹿々々しいほどのものであった。以上の農学上の知識からすれば、問題の解決は割合に容易である。西欧封建農民とわが国農民とが、それぞれ営むところの農耕の間に極めて顕著な生産力の質の相違があることは明瞭である。すなわち前者においては、土地生産性低きが故に労働生産性が高く後者においては土地生産性が極めて高きが故に、労働生産性の進展が停滞しつづけている。西欧封建農民のこうした労働生産性の高さ、そこから流れ出づる農民の豊かさ、それから結果するところのものはなんであるか。働けど働けどではなく、まことに散文的な表現ではあるが、働けば働くほど自らの人間的生活を豊かならしめることが出来るという独立自由への可能性である」と。

このような論証は、読者の胸裡に混乱、当惑そして悲惨の渦巻を残し得るに過ぎない。道はローマにではなくして迷宮に通じ得るのみである。農業理論はこのように貧困であり、素朴そのものであった。私は本書に於て「農業生産力の建設・拡充に関する基礎理論」を詳述し、一つの結論を出すと同時に、この理論に沿う経営学的研究によって具体的解答をひき出そうと試みた。ここに「一つの結論」とは、「労働生産力実質化論」、即ち「労働＝土地生産力併進説」と呼ぶべきものであり、その「具体的解答」とは、「水田輪作＝水田酪農論」である。

研究は未熟であり、多くの制限と欠陥とを持って居る。年来私の構想している新理論体系を樹立していくためには、さらに幾多の素材が創出されなければならない。しかし、それだからといって、私は本書に対する批判を少しでも手加減していただきたいなどとは考えては居ない。

先著「水田輪作と水田酪農」とともに、読者諸賢の公正な、厳格且つ徹底的な批判を御受けしたいと思って居る。このささやかな、しかしながら苦難に満ちた著書を小林徳重、岩上天真両氏にささげたいと思う。

なお、本書の出版に際して、大山毅、宮坂雅彦両氏より御援助御高庇をいただいた。ここに附記して厚く御礼申上げる次第である。

昭和二十三年二月十一日

日本農業研究所にて

桜井　豊

第一部　労働生産力と土地生産力

『永遠に製作し活動する生々の力が愛の優しい埓をお前達の周囲に結ぶようにしよう。
お前達はゆらぐ現象として漂っているものを持久する思惟で繫ぎとめて行くがよい。』

（ファウスト）

我が農業経済学界に於ける「生産力論争」は生産力説の差別その独自性の主張に終始して居たように思われる。「労働生産力説対土地生産力説」と云う考え方が一般的であって、「労働生産力と土地生産力との関係」と云う点は余り論ぜられなかった。その結果「両種生産力—生産力説ではなく—の動向も亦逆行的なものである」と誤解した者もかなり見受けられた。土地生産力説に就て幾多の誤謬を認め得た人々も、農地制限の深刻なる現実に鑑み労働生産力説を支持するに躊躇した事は事実である。

註　我が農業に於ける農地飢餓の傾向に就ては第1表を参照せられたい。尚統計は昭和三年迄は農林省編「耕地拡張改良に関する参考資料」（昭和五年刊）、昭和五年以後は「農林省統計表」によった。但し昭和二十年度の数字は昭和十九年度耕地面積五、五六二、九五三・八町を昭和二十年八月末人口七七、九九七、六四二人で割ったものである。

第1表　我が国に於ける国民1人当り耕地面積の推移

単位：畝

明治	37年	11.5
	43年	11.4
大正	4年	11.1
	9年	10.9
	12年	10.5
	14年	10.1
昭和	3年	9.8
	5年	9.1
	10年	8.7
	11年	8.6
	12年	8.5
	13年	8.4
	14年	8.3
	20年	7.1

此の点労働生産力論者の主張にも不十分な点がかなりあったと思う。「我が農業に於て土地生産力は限界点に達した」と云う見透しに基いて「土地生産力を犠牲に労働生産力型農業の建設へ」などと云うスローガンを出したのはその一例である。

註　「我が農業に於ける土地生産力がどの程度のものであるか」世界諸邦のそれと比較して見たのが第2表である。資料は「独逸統計年鑑」に拠っている。

第２表　世界諸邦農業に於ける土地生産力

（1930 年度日本基準、単位面積当生産量の指数）

	米	小麦	大麦	燕麦	玉蜀黍	馬鈴薯
日本	100.0	100.0	100.0	100.0	100.0	100.0
米国	75.7	56.6	43.2	75.6	79.0	75.1
英国	−	121.6	100.0	126.9	−	166.5
独逸	−	128.3	101.6	107.8	−	170.9
丁抹	−	166.3	151.3	169.0	−	147.4
仏蘭西	−	69.8	67.0	98.6	104.3	99.1
伊太利	145.9	71.6	55.6	69.0	121.6	57.0

此の表を見ると我が国の地味は欧米のそれに比し別段劣っていないにも拘らず、土地生産力は必しも欧米に優っていない。此の点我が農業特に畑作農業に於ける土地生産力の増強に就て格段の努力が必要である。然るに一部の論者達は「我が農業に於て土地生産力は既に最高頂に達し、これ以上向上の余地はない。今や我々の関心は労働生産力にのみ向けらるべきである」などと説いている。土地生産力の把握上理解不十分なることを物語るものではないか。

なお我が水田農業に於ける反当収量増大の可能性に就ては、吉岡金市著「水稲の直播栽培に関する研究」及び「新農法の理論と実際」、拙著「水田酪農の研究」及び「水田地帯の酪農経営」（水田輪作法に就て言及あり）などを参照せられたい。

「土地収穫逓減法則」の仮装性に就てはレーニン著「農業問題とマルクス主義」（大山岩雄編訳）、リヤシチェンコ著「マルクス主義農業経済学」（直井武夫訳）などが参考になる。

「労働生産力を高めるという行き方は土地生産力に対してどのような影響を及ぼすものであるか、労働生産力と土地生産力との関係はどうであるか」という問いに対して今少しく吟味を深めて貰いたかった。労働生産力を実質的に高めて行くという行き方が土地生産力の行詰りを打開する唯一の道であるという点を解明して欲しかった。労働生産力に関するこの真に好ましい見解が理解せられるならば、多くの反対論の不吉な性格は一変し、渋

第3表　水田規模別に見た農家の生産力
（5反乃至1町規模農家生産力基準指数）

田の経営規模	反当玄米収量	労働1日当玄米収量	1経営当玄米収量
5 反 −1 町	100.0	100.0	100.0
1町−1町5反	98.9	106.9	155.3
1町5反−2町	100.2	112.1	222.8
2町 2町5反	100.0	113.0	282.9
2町5反−3町	102.6	122.6	473.9
3 町 以 上	104.1	113.9	510.6

面は微笑の裡に解け入るであろう。小論は此の点に関する一つの解答である。

註　以下の小論は私の「**生産力併進説**」の解説である。尚生産力併進説の先駆者として**故川俣浩太郎氏**（「**農業生産の基本問題**」）及吉岡金市氏（「農業機械化の基本問題」）を忘れることは出来ない。

○　○　○

先づ帝国農会昭和十二年度「米生産費に関する調査」（調査農家数六一三戸）を資料として「労働生産力と土地生産力との関係」を検討して見る。第3表を参照せられたい。

これによると経営規模の上昇につれて労働生産力も土地生産力も経営生産力も「併進」している。これまで零細経営は大経営に較べて労働生産力は劣るが労働集約化が進んでいる為に土地生産力は高いものと考えられて来た。それであるから増産第一主義の農政と云うと過小農維持と相場がきまっていたのである。ところが事実は全く之と相反して居り、土地生産力に於ても上層農家が高いのである。

註　この点に就ては近藤康男著「転換期の農業問題」、山田勝次郎著「米と繭の経済構造」、宮出秀雄著「農業経営適正規模論」、石橋幸雄著「農業適正規模」、伊藤律著「民主主義革命に於ける土地・農民問題」、須永重光「稲作労働の生産性」（農業と経済第九巻第一号）、磯邊秀俊「農村再建と農村工業」（農村と工業第十二巻第一号）なども参考になる。

そこで次の事が問題となる。「土地生産力は何故生産規模の増大に依存するのであるか。」

この問題は「経営規模の大小が経営体を通じて如何なる内容を付加するか、夫々の経営規模は土地生産力に対して如何なる環境を作るか、又作り得るものであるか」と云う点に基いて解答せられねばならない。即ち経営規模の大小が直接土地生産力を決定するのではないのであって、経営規模の差異による経営技術の質、投下資本量の違い、例えば労働力利用の合理性、病虫害防除、風害の防止、土地改良の程度、栽培作物の種類及同品種採用の区別、家畜の有無、又は施肥量の大小及その質的差違等によって説明する事が出来るのである。

註(1)　一例をあげて説明して見る。作物の収量はその施肥量及肥料の内容と関係が深い。特に経営規模の優越に基く役畜その他大家畜の導入、従ってその厩肥生産量に因るところが大きい。此の点に於て土地生産力の増大は労働生産力の向上と密接に接触して居る。即ち一は役畜の導入事情に於て、二には堆厩肥は労働によって生産される理由から、三には自給肥料の限界は土地の余裕度によって引かれることによって、四には施肥その他による合理化は一定の大いさの資本を要求することによって等々。

（尚近藤康男著「農業経済論」及び「日本農業経済論」参照。）「経営規模と水稲品種採用との関係」に就ては川田信一郎「農業技術の実態」（農業技術第二巻第三号）が詳しい。

註(2)　カール・クラウキーの東プロシヤに関する調査（「農業的小経営の競争能力について」一八九九年）に於ても、大経営地産力優越の事実が認められて居る。即ち「大」（平均三百五十八ヘクタール）「中」（平均五十ヘクタール）「小」（平均五ヘクタール）各四箇総計十二の典型的な且つ同一の条件を備えた経営に就て一モルゲン当りツエントネルを調査したところ、小麦は八・七―七・三―六・四、裸麦は九・九―八・七―七・七、大麦は九・四―七・一―六・五、燕麦は八・五―八・七―八・〇、馬鈴薯は六三―五五―四二であった。即ち諸穀類の圧倒的大多数の収穫は大経営から小経営に移るにつれて規則的に且つ非常に著しく減少していることがわかった。クラウキーはこの現象に就て次の四つの原因に決定的意義を与えて居る。①小経営には排水設備が殆ど存在しない。又あっても農民は管だけをしかも下手に埋置する。②小所有者は充分深く耕さない。――鶩馬③小所有者の牛類は大部分が飼料不足である。④肥料生産は小所有者にあってはより劣って居ると。

　レーニンはその論文「農業問題とマルクス批判家」（大山岩雄編訳「農業問題とマルクス主義」所載）に於て、①大経営はより良質の肥料及強壮飼料をより多く使用する。②大経営はより進歩的な耕作制度―改良輪耕制―を導入して居る。③大経営は遙かに多くの機械を持って居る。そして清掃機、条播機、回転地均機、肥料撒布機等は明らかに収穫に対して影響を及して居ると（クラウキーの説明を）補足して居る。

　カウツキーも其の著「農業問題」（向坂逸郎訳）に於て此の点に言及し、「機械はただ人間をおき代えるのみでなく、人間の少しも出来ず、或はそれ程完全に行い得ない仕事をなしとげる。機械はその精確さを以て或はそのヨリ大なる力を以てこのことを達成する。」その結果「最高の収穫」を望み得るに至るのであると述べ、此等の効果を与える機械として、播種機、撒肥機及び調製機をあげて居る。又一八九九乃至一九〇八年の独逸統計を分析し、結局「同一面積に就て計算しても、小経営がヨリ多くの農産物を提供するものではない。これを労働者一人当にすれば小経営の収穫高は遙かに少くなる」と述べて居る。

　クルチモウスキー博士も其の著「農学原論」（橋本伝左衛門訳）の中で、「独逸統計年鑑」（一九〇四―一九一三年）を資料として分析を行い、「大農場の耕地は同一地方にある同じ土質の小農地よりも比較的多くの収穫を挙げて居る」事を確認した。そしてその原因に就て、「それは他に色々の原因もあるが先づ第一にヨリ良質の肥料が豊富に施用されることに原因する」と述べて居る。

又ストレーベルは論文「ヴェルテンベルグの農業事情」（一九〇四年）に於て此の点にふれ、「大農場に於ては整地や作付が一般に注意深く行われ、除草よく行き届き、肥料は多く、且合理的に施され、作付の順序も適当になって居る」ことを明言した。

この種の実例の数は何倍にでも増大する事が出来よう。

註(3)　米国ニューヨーク州タムキンス郡に就て行ったワーレン教授の調査に於ても同様の結果が現われて居る。此の点に就てはワーレン著「農場管理学」及カーバー著「農業経済学原論」（菅菊太郎、奥田彧共訳）参照のこと。又水田経営に就てはカリフォルニア州S・B土地会社の成果（「農民」第一巻第三号所載）などを注目せられたい。

註(4)　ロシヤに於ける同様の問題に就てはレーニン著「ロシヤ農業問題」（大山岩雄編訳）が詳しい。メリトポーリ区コルホーズの事例に就ては小原謙一著「ソ連の農業技術」参照。

即ち『(1)資本を活用させて貰う。(2)その為に経営規模を適当に拡大する』と云う事を約束して貰いうるならば、「土地生産力の行詰りも打開し得る」と云う見透しが出て来るのである。

もっとも此の様な傾向は何処の地方、如何なる経営に於ても貫徹せられて居ると云う訳ではない。此の点に就ては第4表を参照して戴きたい。

これによると土地生産力の程度（二石―二石五斗―三石）、玄米一石生産必要労働の軽減度（十日―七日―五日）

第４表　我が国稲作農業に於ける生産力の地域的様相

（昭和 12 年度帝国農会「米生産費調査」による）

農業の発展方向	県別	規模（畝）		調査戸数（戸）	反当収量（石）	石当投下労働日（日）
第１型	岩手	大	(382.13)	3	2.100 ↓	10.00 ↑
		中	(226.06)	7	2.378	10.30
↓	栃木	大	(354.11)	10	2.088 ↓	7.76 ↑
		中	(203.09)	15	2.220	8.24
	茨城	大	(310.08)	7	2.294 ↓	9.45 ↓
		中	(209.12)	20	2.443	9.25
第２型	兵庫	中	(148.05)	39	2.584 ↑	8.96 ↓
↓		小	(83.25)	10	2.506	7.27
第３型	佐賀	大	(248.28)	5	3.000 ↑	4.83 ↑
		中	(151.18)	11	2.709	6.95
					土地生産力の方向	労働生産力の方向

及「土地生産力と労働生産力との関係」によって「三つの水準」が考えられて居る。即ち「第一群」の地方では両種生産力共に極めて低く而も経営規模別にみて双方の大いさは逆行し或は併進して居る。此の様な結果は所謂「東北段階」の地域に於て見受けられるのであるが、これは流動資本固定資本共に粗放であり、農業技術水準が最も低い事に因るのである。ところが「第二群」の型になると生産力の水準は両者共第一群に優越して居る。然し土地生産力の方は規模の上昇に伴って向上し、労働生産力はその反対であると云う意味で逆行関係が認められる。此の様な段階の存在する理由としては資本の集約化が資本の配分競合と云う関係に於て先ず流動資本に偏傾する。又そうせざるを得ないと云う事情に基くのであって、第一型農業が第三型にまで伸び上る為の中間段階として現われて居るのである。もっとも両種生産力共に第一群のそれに較べて高いのであるから、前段階のものに比し生産力が並進して居ると云う事実は認めて良い訳である。

他方「第三群」の農業になると、流動資本集約化と共に固定資本集約化も進展し、（佐賀県の場合には電力及石油用動力機の普及に注意あれ）且大体均衡（未だ十分とは云えぬが）して居る。生産力も労働及土地共に最高であり、経営規模の上昇に伴って仲良く並進して居る。

註　集約粗放の言は経営当、反当共に見て表現せられて居る。尚田中定著「佐賀農業論」参照。

此の様な検討によって我々は農業の発展方向に就て一つの見透しを得たものと考える。即ち『経営規模を拡大し資本を活用する』と云う進み方である。我々は此の方向を「進歩の法則」と名付けて命題を作った事がある。「日本農業の近代化は進歩の法則を軌道とするものでなければならない」と云うのが我々の根本的な見解なのである。そして此の軌道を滑らせて貰うならば農業の生産力も亦相当程度併進（単に両立するだけではなく）する事になるのである。此の事実は私だけの発見ではない。例えば十八世紀の昔英国農業技術革命の父アーサー・ヤングが明言して居るのである。今彼の好著「仏国旅行記」（一七九二年刊）を借りて此の間の事情を説明して見よう。彼は或る日の事ランゲドック山間地方を旅行した。そして此の土地の農民が自己所有地を改善する為に土を籠に盛り之を山上に運ぶ姿を目撃して驚嘆した。そして彼は呟いた。「所有の魔術は砂礫を化して黄金となす」と。まことに驚くべき精励振りである。それではその仕事の結果、農業の生産力はどうであるか。此の点に考え及んだ時彼は次の様な疑問を抱くに至った。「此の様な魔術使（自作農）の多いフランスが何故英国に比較して低い生産力水準を示すのであろうか」と。即ち当時に於て英国の農業は労働生産力に於て仏国に優れたばかりでなく、土地生産力も卓越して居た。例えば小麦及ライ麦のエーカー当平均収量を示すならば、英国の二十四ブッシェルに対して仏国は僅か十八ブッシェルに過ぎなかったのである。

此の様な生産力上の差異が「所有の法則」に依るものでない事は既に明らかである。それならば自然条件の違いによるものであるか。此の点に就てヤングは気候及地味と云う二点から検討を行った。然しその結果は両点共にフランスが有利であり、殊に小麦の生産に於て然りであると云う事がわかった。まことに妙な話である。所有の魔使の多い気候地味に優ったフランスが土地生産力に於ても労働生産力に於てもイギリスに劣って居るのである。（所有の法則を克服し、自然条件上の差異をも支配する強力な成果は一体何に基づくものであろうか。）ヤングは色々熟考して見た。其の結果得たものは「進歩の法則」と云う一命題であったのである。即ち当時のフランス農業は土地所有及相続上の諸制度に著しく束縛せられて居た。封建的な小作形態が支配的であり、耕作権は安定せず、小作料も著しく高額であった。そして経営単位も亦（英国に比し）著しく零細で、百乃至二百アルパン程度のものは未だ良い方であった。此の程度のものでは農業生産力の発揮上必要な技術の採用或は生産要素の結合が殆んど不可能であったと云って良いのである。

註　ヤングは仏国農業の適性規模を「土地肥沃なる場所二五〇―三〇〇エーカー、土地痩薄なる場所四〇〇―六〇〇エーカー」と見積って居る。尚フリードリヤンド著橋本弘毅訳「近世西洋史」上巻も参照のこと。

又資本集約度もフランスは著しく劣勢である。即ちイングランドのエーカー当四磅に比しフランスは僅か四十志に過ぎなかった。

註　リチャード・ジョーンズの著作の現われる頃（「富の分配並びに税源を論ず、第一部地代」一八三一年刊）も事情に変化はなかった。即ち同書（鈴木鴻一郎、遊部久蔵共訳）には次の様な文句が見えて居る。「折々農務省に対してなされた様々の報告から明らかな事であるがイギリスでは農業に用いられた全資本は労働者の支持に充用された全資本と五対一の割合である。即ち用いられた補助資本は直接耕耘に用いられた労働の維持に充てられた資本の四倍の大いさである。フランスでは用いられた補助資本は農業労働の維持に充用された資本の二倍以上には上っていないのである」と。

此処に於て次のような問題が取上げられなければならない。「当時のフランスに於て農業の近代化を阻んで居たものは封建的土地所有制度であるか、それとも過小農制であるか、又封建的土地所有制と過小農制とはどのような関係を有して居るか。」此の問題は我が国学界を賑わした「封建論争」と対比してまことに興味深い。此の点に就てヤングの立場はどうであったろうか。彼は土地所有制度の近代化を重視した。しかし均分化的土地改革には大反対であった。「所有の法則」は「進歩の法則」によって克服支配せらるべきものであると云うのが彼の確固たる信念であった。「余はここに次の様な事柄を確認して置きたい。即ち旧き慣習が往々にして尚存在の理由を有するや否やを検討される事もなく存続する農村に於て、普通小作が土地所有以上に有利な資本の使途を農民に提供するに不拘、今日多くの農民が土地所有権を愛好する偏見の起源は古えの普通小作の有っていた種々の不便に由来するものであるとしなければならない。かかる破産的偏見の悪結果はただに農村の小土地所有者の上にのみならず労働者の上にもそして広く農民の大部分の上にも落ちかかるのである」と。（ダレスト・ド・ラ・シャヴァンヌ著、池本喜三夫訳「フランス農村社会史」参照）これが彼の信念であった。しかるに当時のフランスに於ては「均分化思想はつなみのようなものであった」が、ヤング的信条はなお未発達であった。此の流れに乗って出たのがナポレオンである。

註　カール・マルクス著、北川俊一訳「ルイ・ボナパルトのブリューメル十八日」、高橋幸八郎著「近代社会成立史論」、諸井忠一著「農民革命の諸問題―フランス革命に寄せて―」など参照。

なるほど土地革命は徹底的に遂行せられた。しかし其の結果フランス農業は近代化し、高度化したであろうか。事実は「否」である。例えばエカリウス著「一労働者のジョン・スチュアート・ミル経済原論反駁」―一八六八年刊―（「改造社版マルクス＝エンゲルス全集」第十六巻所載）によると、一八五〇年当時農民一人当農産物の価値はフランス二一五フランに対してイギリス七一五フラン、一エーカー当小麦生産量はフランスの一八ブッシェルに対してイギリス三〇ブッシェルであったと云う。又リープクネヒトの著作「土地問題論―一八七六年刊―」（河西太一郎訳）によると当時フランスで七人を要する仕事をイギリスでは二人で仕遂げて居た。「爪の下から血が迸り出る程労働する」所謂「割地農民」の魔術とはたかだか此の程度のものに過ぎなかったのである。

「所有の法則」は「進歩の法則」によって克服支配せられ消滅して行く。それであるから、農業の近代化を考える場合、自作主義や進歩所有両法則の「二人三脚主義」（適正規模専業自作小農の創定—例えば我妻東策著「日本農業民主化論」参照—）の看板は要らない。問題は「進歩の法則」（農業生産力の併進法則）のみに存する。此の点に就てヤングは他の著作「北英旅行記—一七七〇年刊—」に於て次の様に述べて居る。「およそ小麦と大麦とを識別し得る程の人間であるならば何人もこれを理解し得るであろう」と。（尚福田徳三「欧州戦乱期に於ける英仏両国大小農制度に関するアーサー・ヤングの研究」—社会政策学会編「小農保護問題」所載—参照）

註(1)　極端に行われたと云う嫌いはあったけれども、「英国のエンクロージュア・ムーブメントも亦結局生産力の併進、合理的農業確立の基礎となり得たものである」と称せられて居る。例えばアーネル及ホール両氏の共著「英国農業、其の過去と現在」（直接引用は岩片磯雄著「食糧生産の経済的研究」による）には、同運動の成果として次の様な諸利益をあげて居る。

1　open-fieldに於ける休閑—小麦—燕麦の様な交替作付は必しも土地の適否に拘らず所定の秩序の下に行われた。之を囲繞して適地適産を行うことによって農業収益は遙かに高まり、地代も亦昂騰し得た。

2　農業者並びに家畜が諸地域に散在する耕地を移動する不便を免れしめる事は著しく能率の増進に役立った。

3　惰農の耕地に簇生する雑草の種子が飛散して、精農の耕地が被害を受けるのを防止した。

4　大規模な排水工事が可能となり、従来の分散耕地の下に屢々悩まされた家畜の伝染病を防除した。

5　家畜、作物の混淆を防ぎ、品種の改良を効果的ならしめた。

註(2)　「旧農業国即ち半封建的土地所有制乃至小作関係の存在して居る国々では土地生産力偏向の傾向を有する」と云う事は多くの論者によって指摘せられて居る。此の説明は一応正しい。然し此の種の框に規制せられながらも、

第５表　玉蜀黍１石生産に必要な投下労働量

		調査農家戸数（戸）	１石に要する投下労働量（時間）
アメリカ	カンサス	25	4.3
	ネブラスカ	11	1.8
	アイオワ南西部	18	1.6
	アイオワ 中部・東部	55	1.8
	イリノイ西部	30	2.1
	イリノイ東部	16	2.0
	インディアナ	14	2.6
北海道	昭和８年	6	32.2
	昭和９年	6	38.8
	昭和 10 年	6	46.0
	昭和 11 年	6	45.9
	昭和 12 年	6	30.5
	昭和 13 年	10	39.9

多くの農民経営は結局生産力併進の方向に向って努力して居る。「所有法則」は「進歩法則」によって次第に侵蝕せられて居る。土地の生産力も亦此の法則にもとづいて発展する以外に道はないのである。（我が国に就ては拙稿「農業再建の課題と展望」―千葉県農業会農政資料第五集―に詳しい。）

そして若し此の框を撤去せしめる様な行動（土地革命）が成され、農民解放（土地からの、次いで資本からの）が実現せられるならば、農業生産力の水準は一段と向上し、併進法則は猛しく貫かれて行くであろう。

もっとも次の様な反対も考えられる。「お前は都合の良い資料だけを使って誤魔化して居るのではないか。労働生産力を高めると云う改良の方向と土地生産力を高めると云う改良の方向とは明らかに別個のものである。そして『一を強調する事は他を犠牲にする事である。』この事実は日本の例でもアメリカの例でも明らかではないか」と。此の見解は一応正しいのである。例えば第２表でも明らかであった様に日本農業の土地生産力は米国のそれに比しかなり高い。（米国は米に於て日本の七割五分、小麦五割六分、大麦四割三分、燕麦七割五分、玉蜀黍七割九分、

第6表　世界諸邦の農業生産力

（1935年度日本基準）

類　型	国　名	単位農地当純生産額	男子農業従事者１人当純生産額
Ⅰ	日　本	100.0	100.0
Ⅱ	米　国	15.8	550.8
Ⅲ（イ）	独　逸	76.2	408.3
Ⅲ（イ）	丁　抹	89.9	535.0
Ⅲ（ロ）	和　蘭	130.6	482.5
Ⅲ（ロ）	白耳義	146.7	328.3
Ⅳ	ソ　連	5.4	73.3
Ⅴ	支　那	13.2-17.6	38.3

馬鈴薯七割五分であった。）ところが労働生産力の方になると逆に米国が断然高いのである。此の点に就ては例えば第5表を参照せられたい。

註　第5表は矢島武「アメリカの農業」（全国農業会北海支部編「民主主義変革過程に於ける農業問題」所載）に基いて計算した。
アメリカ—モアハウス著「農場管理学」による玉蜀黍地帯農場の平均。
北海道—北海道農業会調査資料による。

然し乍らかかる駁論は再応するに正しいものではないのである。此の間の関係は世界農業の発展類型に関する私の研究（「世界諸邦の農業生産力」参照）によって明らかである。今其の一半を第6表として示して見よう。

註　同表はコーリン・クラーク著「経済的進歩の諸条件」（小原敬士訳）に拠った。

これによると世界農業の発展類型として三つの型、即ち日本の様な「土地生産力偏進型」、アメリカの様な「労働生産力偏進型」、及び和蘭や白耳義の様な「生産力併進型」を認める事が出来る。此の内第一類型の農業国の動向に就ては既に説明した通りであって、生産力併進の道を是非辿らねばならぬのである。問題は第二の型である。

此の型の農業の動向に就て私は多少詳細に研究して見た事があった。(「米国農業と其の生産力」参照)そして此の型の農業も亦結局「進歩の法則」の上を滑りながら併進型に向うものであると云う事がわかったのである。例えば米国の事例に就て説明して見よう。周知の通りアメリカと云う国は新開国であったのであるからして、農業者の主要な関心は労働生産力の向上にあり、又それのみにあったと云って良い。省力農業が問題であり、地力維持農業が問題ではなかった。此の間の事情に就てマルクスは名著「資本論」の中で次の様に述べて居る。「尚また新たに開墾されたばかりの、従来犂を触れられた事のない豊度の比較的低い耕作地は全く不良な風土事情の下に立つ事のない限り、肥料を施さず、極めて上層的の耕作を以てしても、長期間に亘り収穫を与える位それほど多量の溶解し易き植物栄養素をば少なくともその上層部に蓄積している。更らに西部のプレーリーになると殆んど何等の開墾費を要する事なく、天然の力で開墾されると云う利益が加って来る。この種の豊度低き諸地域から過剰生産物が供給されるのは、土地の豊度が高くして、一エーカー当り作高が大なる為ではなく、寧ろ上層的に耕作し得るところのエーカー数が大なる為である。蓋しこの土地は耕作者に何等の費用を負担せしめず、又は古き諸国に比して極微の費用を負担せしめるに過ぎぬからである。……一の家族が例えば百エーカーの土地を上層的に耕作する。而して一エーカー当り生産量は大ではないとは云え百エーカーから穫る総生産量は販売すべき一の多大な過剰分を残す。……この場合決定的な事は土地の質ではなくして量である。然し乍らかかる上層的耕作の可能性は新たなる土地の豊度に逆比例し、その生産物の輸出に正比例して多かれ、少かれ急速に尽きてしまう事は云うまでもない」(高畠素之訳)と。

註　マルクスの「豊度」と云う概念に就ては後註参照の事。

米国農業の近状は此の最後の断定通りである。沃地占居は一応終了した。人口は増加し、地価は上昇した。そして掠奪農業の弊害は土壌侵蝕の激化其の他となって現われて来て居るのである。

註　拙著「米国に於ける永続農家に関する研究の現状に就て」（東農研中間報告第三号）及び拙稿「アメリカの農業」（若い農業創刊号）参照。

従って米国に於ても地力の維持、地力の向上と云う事が喧しく論ぜられるようになって来た。例えば、①土地改良特に土壌侵蝕防除に関する土木対策、②地力維持作物の作付増加、③輪作及輪換放牧法の採用、④肥料の選択と増投、⑤病害虫の防除、⑥育種、⑦条帯農業（strip cropping）及水平犂耕（contor plowing）等の栽培及労働上の技術が関心を呼ぶに至って居るのである。そして農業機械と云うものも亦農業生産力の併進に叶うように改良せられつつある。（無限軌道式大トラクターとゴムタイヤ式トラクターとの転換はその一例である。）「より少い土地と労力でもっと質の良い作物を多産する」と云う極めて虫の良い目的の下に「農業生物学」（アグロ・バイオロジー）と云う学問が出て来た事も注目に値する。此の様な動向に就てレーニンも「農業に於ける資本主義の発展法則に関する新資料、第一分冊、アメリカ合衆国に於ける資本主義と農業」（大山岩雄及直井武夫両氏の訳本あり）と云う論文で詳細な分析を行い、次の様に結論して居る。「米国農業の主要な発展傾向は生産高に於て（生産総量大）

肥料の使用量に於て（流動資本集約化）機械応用の発展に於て（固定資本集約化）高く、而も土地を節約する態のものである」と。即ちレーニンの分析によれば、アメリカ農業も亦生産力併進の道を歩みつつある訳である。そしてかかる方向に向かって進むと云う事は、在来の労働生産力水準を低下せしめ之を犠牲にすると云う事を意味するものではない。米国農業に於ける労働生産力の実質的発展を意味する。そして之を可能ならしめるものが資本（集約化）の働きである。即ち米国に於ては従来固定資本の充実、流動資本の疎用と云う傾向（前掲第4表の第二型の逆のもの）がかなり顕著であった。大面積を高率機械でやりこなす、然し肥料は殆んどやらぬと云う「山師経営」（ボナンザ・ファーム）式のもの、（現状によって表現するならば「西部型」）が多かった。然し此の様なやり方は結局行詰らざるを得ないのである。そこで流動資本の集約化を進め経営規模を整理して行く、それによって生産総量を高めると共に固定資本をも活用すると云う方向、換言するならば労働生産力を実質的恒久的に高めて行く、そしてその為に生産力の併進に努力すると云う進み方（現状によって表現するならば「北部型」）が問題となって来たのである。もっともアメリカには「南部型」と称する今一つの型の農業、（日本の東北型にも比すべきもの）も行われて居るが、此の型の農業も既に行詰って居るのであり、今後の進路を北部型に向けねばならぬものと称せられて居る。

　之を要するに米国の農業も亦「進歩の法則」（資本を活用する。その為に経営規模を調整すると云う進み方）に則って進行中である。此の事は我が国や英国の場合と全く同じなのである。但し米国の場合にあっては従来の過大規模のものが適当規模にまで整理せられて行くと云う現象が数多く見受けられるのであって、日本の事情と多少趣きを異にして居る。然し原理は全く同一である。

註(1)　日本農業を近代化する為には資本を投下して貰う事が必須の前提なのであるが、それと共に経営規模を拡大しなければならない。此の約束を果して貰えると農業生産力は伸進する。即ち在来式日本農業と云う病人の治療薬は資本である。資本集約化と云う手当を受けると問題は円満に解決するのである。然し此の資本と云うものは在来の過小経営規模の下では活用されない。従って資本の形成蓄積と云う事も望むべくもない。病人をもっと大きな病院に移して行かねばならぬのである。

註(2)　英国ヨークシャに就てのラストン博士の報告（「農業経済学会議事録」一九二九年）も参考になる。

註(3)　以上の説明によって明らかなように農業生産力の併進、労働生産力の実質化と云う傾向は世界史的なものである。従って**西欧型**、アメリカ**北部型**、日本**佐賀型**と云ったものが一つの目標となる訳である。
もっともアメリカ型や日本型が西欧型の内容となると云うのではない。「江南のタチバナは江北のカラタチとなる。」各国各地方の農業は特定の環境の中に生きつつあるものであり、一つの伝統と特性とを持って居る。そしてその伝統と特性とを生かし、現実を基盤として伸び上るのである。従ってアメリカ型の農業は進歩の法則を介して伸び上るものとしてもそれが直ちに現在の西欧農業と同じ内容のものとなる訳ではない。日本農業に就ても全く同断である。特に日本の場合には良きにつけ悪しきにつけ其の特性―土地生産力を上げる事によって労働生産力を高めると云う一面の性格―を無視する事は出来ない。兎に角問題は「進歩の法則」であり、生産力の併進、労働生産力の実質的恒久的発展にあるのである。

土地生産力を高めると云う方向と、労働生産力を高めると云う方向とは以上の様に統一せられて「労働生産力の実質化」となる。ところが此の間の関係を良く理解出来ず所謂アメリカ型ソ連型を重視する人々は、「それは妥協だ。労働生産力を伸進せしめる方向はそこにはない」等と云って反駁する。此等の論者の頭の中には「生産力逆行説」―軽率なる騎士の突貫を望むのであるか？―と云う考え方が抜けて居ないのである。

註　生産力逆行論者の中には二つの流れがある。此の点に就て吉岡金市氏はその著「農業機械化の基本問題」の中で次の様に指摘されて居る。「農業の機械化が労働の生産力を高めるものであることについては、何人も異論のないところであるが、農業の機械化が所謂土地の生産力を高めるかどうかについてはそれぞれ異論があるようである。小農論者に従えば、日本の農業は労力的に集約な農業であり、労力的に集約化されることによって土地の生産力は高められたものであるから、今農業の機械化によって労力的に粗放化されると土地の生産力は減退するが故に、この際小農の弾力性を発揮して土地の生産力を確保拡充しなければならないとされる。……かくて小農論者にとっては現実を直視することは既に一種の恐怖である！

これに対して、現実を直視するひとびとも、その多くは、農業労働力の減退の著しい今日、農業の機械化は土地の生産力を減退せしめるものであるけれども、労働生産力を発展せしめなければ、農業生産力を確保・拡充され得ないから、むしろ農業の機械化を進めなければならないとされる。この二つの見解は生産力の規定に於て根本的に対立するものの如くであるが、農業の機械化が土地の生産力を減退せしめると云う点に於ては両者の見解は一致するものの如くである。」

即ち此等の論者達は次の様に錯覚して居る。

(1)土地生産力を高める為には労働集約化は必須の要件である。（手作業は機械作業に比し遙かに精巧である。）又資本に於ても流動資本集約化が問題となる。ところが此等のものはその性質上土地と共にいくらでも細分せられ活用せられる。従って土地生産力を強化する為には零細経営で結構である。いや零細経営の方がより良い。

(2)労働生産力の向上は資本の有機的構成の充実に、即ち労働力に対する補助設備の割合に対応する、農業資本中固定資本部分の強化を要求する。それによって初めて労働の省略と云う事が可能となる。此の意味に於て此の種の努力と云うものは農業生産の根本的性質を変革し、その社会化を要求する。農業経営規模の再編成を要求せざるを得ない。

(3)一項及二項の理由によって土地生産力と労働生産力とは逆行関係にあるものと見て良い。一方に対する努力の集中は必然的に他方の犠牲を意味するものであると。

かかる説明の謬りに就ては今までの説明がその解答となる訳であるが尚今少しく理論的に、(次いで実証的に)検討して見たいと思う。

著名なる経済学者リカアドは其の名著「経済学及び課税の諸原理」(ここではゴナア版を直接参照した)の中で、「農業の改良」(improvements in agriculture)には二つの種類がある。即ちより少量の土地から同一の生産物を獲得し得しむると云うもの、『土地の生産力(the productive powers of the land)を向上せしめるもの―改良―』と吾々をして機械の改良によってより少い労働で其の生産物を獲得し得しむると云うもの『改良Ⅱ』とがあると述べて居る。そして「改良Ⅰの具体例」として①巧妙なる輪作法の実施(the more skillful rotation of crops)、②一層有効な肥料の選択(the better choice of manure)の二つを、又改良Ⅱの具体例として、①鋤、打穀機の如き農業用具の改良（improvements in agricultural implements, such as the plough and the thrashing machine）、②耕耘用馬匹の使用上に於ける節約（economy in the use of horses employed in husbandary）、③獣医術の知識の進歩（a better knowledge of the veterinary art）の三つをあげて居る。

註(1)　硲正夫氏は其の著「農業経済学序説」の中で改良Ⅰの具体例としてリカアドが次の三つ、即ち、①より巧妙なる輪栽法、②一層よろしきを得たる肥料の選択、及び③蕪菁栽培法の導入（the introduction of a course of turnips）をあげて居ると説いて居るがこれは謬りである。蕪菁栽培法とはタウンシェンド卿の創案に関わる有名な輪作法（(1)蕪菁(2)夏作大麦(3)クローバー(4)冬作小麦と仕組んだ巧妙なる輪作法—これをNorfolk system或いはfour-course systemと呼ぶ—）の事である。リカアドも此の意味でより巧妙なる輪作法の一つの例として後段に於て蕪菁栽培法をあげて居るのである。尚当時の農業改良に就ては室谷賢治郎「マルサスと其の社会経済的背景」（小樽高商研究室編「マルサス研究」所載）及びエヌ・エス・ビー・グラース著「欧米農業史」等を参照せられたい。

註(2)　リチャード・ジョーンズは其の著「地代論」の中で当時の偉大なる改良として「軽い土地を二頭の馬と一人の人で耕耘すること、及び交互的輪栽的農耕」とリカアドの所謂改良Ⅱと改良Ⅰの双方をあげて居る事はまことに興味深い。又「農業の改良分野」に就て次の様な意見を述べて居る。「イギリスの農業は優れては居るけれどもそれは未だその力の限度に近づきつつあるに過ぎず、その限度から相去ることが遠いのであるという多くの指標があるのである。①現在用いられている動物力の多くを代置する機械力或いは化学力を導入すること、②犂又は鋤で耕される新しいより多産的な穀草や野菜を発見すること、③現在家畜が徘徊している土地の多くを漸次に開墾すること、④人間の生計に直接或いは間接に寄与するより貴重な農作物の割合をより高めること、及び⑤農夫によって用いら

れている人間労働を援助する多くのものの能率を一般的に増進すること―すべてこれらの改良はその漸次的確立を期待することが法外なことではないような、そして却ってその多くが極く手近にあると云うことを疑う方が多分より法外に思われるような改良なのである」と。

「此の改良Ⅰと改良Ⅱとは農業改良の内容である」と云うのが彼リカアドの根本的見解である。（そう述べただけでは何の事かわからぬ読者もあるかも知れない。）一体農業の改良とはどのようなことを意味する言葉であろうか。リカアドは此の点特に「改良の本質」に就て次の様に述べて居る。「若しそれ等（二つの種類の方向）が粗生生産物の価格の下落を惹起しないならばそれは改良ではないであろう。蓋し以前に一貨物を生産するに要した労働量を減少することが改良の本質であり、そしてこの減少はその価格又は相対価値の下落なくしては起り得ないからである」と。("If they did not occasion a fall in the price of raw produce, they would not be improvements; for it is essential quality of an improvement to diminish the quantity of labor before required to produce a commodity; and this diminution cannot take place without a fall of its price or relative value") 此の様な改良の本質に対する理解の下に、農業改良の両翼として改良Ⅰ、Ⅱが考慮されて居たのである。

註(1)　此の点硲正夫氏の次の様なリカアド評（前掲「序説」参照）は誤謬である（少くとも誤解されやすい）ように思われる。「リカアドはここで『蕪菁農耕法の採用又は一層有効なる肥料の使用によってより少き資本を以って、同一の生産物を獲得する事ができる』事を承認し、これを論拠として議論を進めているが、かかる事実すなわち資

本生産性の増進は、土地生産力の増進にとっては、どうでもよいことであり、必然的要件ではないのである。ここでの必須条件は同一量の原生産物を産出するのにより小なる土地面積の使用を以て足るということであり、この要件を充たしうるためには、従来地域外延的投下の方向をとっていた資本が同一の土地面積の上へ逐次的に投下しされさえすればよいのであって、この場合には、追加的資本の生産性は、或は増進し、或は不変であり、或は低減しうるのである。労働の生産性についてもほぼ同様なことがいわれうる。土地生産力を増進せしめるためには、一定の土地片の上へ、より多量の労働を集約的に投下することが必要である。この労働増投は資本の追加的投資を通じて、いいかえれば労賃基金にあてらるべき資本部分の増大化を媒介として遂行せられる。しかも労働生産性の増大は、常に必ずしも必要ではないのである。」

註(2)　此の様な問題（土地収穫逓減法則を別として）に就てはマルクスもリカアド的な見解をとって居たと思う。例えば彼は「賃金価格及び利潤」の中で、「労働生産力は労働者の先天的精力、および後天的作業能力の相違を度外視すれば次の様なものに依存する」と説いて居る。

①労働の自然的条件、たとえば土地の豊度等々。

②労働の社会的諸力の進歩改良、例えば大規模生産、資本の集積、および労働の結合、労働の再分割、機械、作業方法の改良、化学的その他の自然的諸能因の応用等々。

　マルクスは土地の豊度を「**自然的豊度**」として表現して居る。それならば一体自然的豊度とは如何なるものであろうか。

　「資本論」によれば、自然的豊度とは土地の化学的組成やその他の自然的特質を意味するのみならず、更にこれらの自然的特質を即時利用し得るものたらしめる農業上の能力―この能力は農業上の発達段階の如何に応じて色々に異るものであるが―をも含むものである。曰く、「風土上及びその他の諸要素を措いて問わないとすれば、自然的豊度の差とは、上層地の化学的組成の差、換言すれば上層地に含まれる植物栄養素の差に外ならぬ。が、二つの地面の化学的内容が相等しく、その意味に於てまた各々の自然的豊度が相等しいと仮定しても、この栄養素が同化し得べき、植物栄養上の目的に直接利用し得べき形態に存する程度の如何に従って、現実的の有効な豊度の上に区別が生ずるであろう。それ故、自然的豊度の相等しき諸土地に於て、この相等しき豊度が如何なる程度まで利用し得るものとされ得るかは一部的には農業の化学的発達、一部的にはまたその機械的発達の如何に懸ることである。即ち土地の豊度なるものは土地の客観的特質であるとはいえ、経済学上では常に関係を、農業上の与えられたる化学的及び機械的な発達状態に対する関係を含むものであって、この発達状態の如何につれて変化を来たす。一の土地を豊度の等しい外の土地に比して事実上より不生産的たらしめる諸障害は化学的手段なり（例えば硬き粘土性土壌に一定の流動肥料を施すとか、又は重き粘土性土壌を焼くとか云う如き）又は機械的手段なり（例えば重き土壌に対して特殊の犁を充用する如き）に依って除去せられ得る。排水も亦この後の手段に属するものである。……相異った諸土地の対差豊度の上に与えられる以上一切の諸影響は帰するところ次の如くになる。即ち労働生産力の状態、この場合でいえば土地の自然的豊度を即時利用し得るものたらしめる農業上の能力―この能力は農業上の発達段階如何に応じて色々異なるものであるが―も亦経済的豊度という見地からすれば、土地の化学的組成やその他の自然的特質と同じく、土地の自然的豊度と称せられるものの一要素である」と。又他の個所では次の様な説明が見出される。「農業労働の生産力は自然諸条件と結びつけられているものであって、この生産力の如何に従い、同一量の労働を表現する諸生産物（諸使用価値）の量に大小の差が生じて来る。一ブッシェルの小麦に表現される労働の量が幾何に上るかは、同一量の労働によって供給されるブッシェル数の如何に懸ることである。この場合、価値が幾許の生産物に表現されるかは、土地の生産力の如何に懸る」と。

尚此等の点に就ては上掲書のほか、森耕二郎「労働生産力と労賃」（経済論叢第十七巻第四巻）、鈴木鴻一郎「マルクスの地代論」（経済評論第一巻第九号）を参照せられたい。

云うまでもなく改良のⅠとⅡは単なる自己同一ではない。両者は対立物である。此の点に就てリカアドは次の如く述べて居る。「かかる改良（改良Ⅱ）は土地の生産力を増加しないが、併しそれは吾々をしてより少い労働を以て其の生産物を獲得し得しめるものである。それは土地自身の耕作に向けられるよりは寧ろ土地に充用される資本の構成に向けられる。……より少い資本―それはより少い労働と同じことであるが―が土地に用いられるであろう。併し同一の生産物を得る為にはより少い土地が耕作されるのでは足りない」と。かくして多くの農業批判家は二束の乾草の間に立てる「ブリダンの驢馬」の状態におち入る。

『一つ一つに離れたものを全体としての秩序に呼び入れて、調子が美しく合うようにするのは誰ですか。』（ファウスト）

然し乍ら真の対立と云うものは「あれであってこれではない」と云う式のものではなく、「あれであり、これである。――而もあれでなくこれでない」と云う態の二律背反関係に立つものでなければならない。そして此の様な矛盾関係が措定せられるならばヂルソンと云う学者も云って居るように、「却ってその両項を愛せずには居られなくなる」のである。両項は一次的に対立しつつ、然もより高い立場（改良の本質、労働生産力の実質的恒久的発展）に於て統一せられ、その内容としておさめられるのである。

註　対立した二力は交互相媒介して円環的に解決する。解決は新なる力を両者に賦与し、且正常、円滑、安定ある方向を指定する。対立した二力は互に他を否定すると同時に必然的に他を肯定して居る。然も他を肯定すると同時に自己も肯定せられる。自己を主張すると共に必然的に自己を殺して居る。そして自己を殺すと同時に自己は更に大きく蘇って居る。互に他を向上せしめる事によって自己も向上し、自己の向上と共に他を向上せしめるのである。土地生産力は「労働生産力を高めると云う芝居」の敵役を必しも演ずるものではない。否それの栄光をもたらす役割を演じ得るものでもある。

此の間の事情に就てリカアド的見解を今一歩前進せしめつつ、ブリンクマン教授は其の著「農業経営経済学」（大槻正男訳）の中で次の様に説いて居る。「農業の改良には『無機技術的改良』（全然又は主として人間の、又は家畜の労働力の節約を意味する改良、例えば新収穫機又は脱穀機の構造の改良、発動機犂の採用等）と『有機技術的改良』とがある。此の内後者は直接生産量の増加を本領とするものであるが、前者はそうではない」と。

此の説明は非常に重要な意味を有する。即ち改良Ⅰと改良Ⅱとはいわば分業的対立関係、夫婦的対立関係であると云うのである。従ってより高次の立場に基いて総合せられ統一せられねばならないのである。

註(1)　生産総量の増大を本領とすると云う点を考え合せると改良Ⅰは妻の任務にも比すべきであろう。そして此の意味に関する限り、ウィリアム・ペティの次の言葉は頗る興味深い。「労働は富の父であり、その能動的原理であること、土地がその母であるが如くである。」

註(2)　マルサスも其の著「経済学原理」に於て農業上の改良が施される場合を二つに分け、①生産費は減少するも生

産物の分量は少しも増加せざる場合と、②生産費の減少と共に生産物の分量が増加する場合とを考えた事は注目に値する。

以上の説明を要約するならば次の様な事になろうかと思う。即ちリカアドの所謂改良Ⅱは労働生産力に関する改良である事は疑う余地がないのであるが、その本領は直接生産総量に向うものではなく、寧ろ一定生産物量に含まれる投下労働量の節減と云う点に向う。然し乍ら真の農業の改良、発展と云うものは「生産物量の増大、単位物量当投下労働量の節減」と云う態勢のものでなければならない。改良ⅠとⅡとの両立併進を要請せざるを得ない。

註　「資本主義的な社会の下に於て生産総量の増大と云う事は必須の要件とは申し難い」と説く者もあるが健全なる資本主義の下に於ては「物資欠乏による利益」(scarcity profit) 又は独占的利益よりも生産量の増加に基く利益の方が第一前提でなければならない。(まして社会主義制度の下に於ては生産総量の増大が主要な関心事となって良い。) 世界経済的体制の下に於ても重点的産業分野に対しては当然此の説明が妥当する訳である。

そして此の様な農業の発展の仕方を我々は農業労働生産力の実質化と呼んで居る。改良Ⅰや改良Ⅱの偏進経路に於てはかかる成果を期待し得ない。

註　我が国の農業は封建的地主的土地所有制と独占資本の圧力によって土地生産力偏進的傾向を強制された。しかし「単位面積当りの生産性の上昇は真の農業生産力の上昇、即ち単位労働当りの生産性の上昇を必しも意味しないのみか、寧ろ真の農業生産力の停滞を補充せんが為に、投下労働を無視して追求されるという意味に於て、却って農業生産力の停滞の表徴であると謂ってもいい。事実単位面積当の生産性上昇の追求は償われない非社会的私的労働の無限の埋没を代償としてなされた」（井上晴丸「日本農業の進路」日本評論二十一巻第七号）と云った説明をする論者もある。兎に角偏進と云う行き方は「やがて壁に突き当らざるを得ない。」そして「労働生産力の発展なくしては所謂『土地の生産力』の発展はあり得ない」（吉岡金市「農業機械化の基本問題」）と云う見解に到達して行くのである。理論的にも又実際的にも。

問題は労働生産力の向上にあるのである。併しその具体面を把え技術的考量を加えて行く場合に於て「総合的労働生産力体系の内容」として改良Ⅰと改良Ⅱ、即ち『土地生産力的な技術』と『労働生産力的な技術』とを対立関係に於て理解するのがよい。少くとも現在の研究段階に於て「然り」である。従って「農業生産力の併進」と云う考え方が出て来る。

註(1)　農業の発展を期する場合、我々は二つの技術即ち土地生産力に関する技術と労働生産力に関する技術とを夫々別箇にではなく経営の実態に即して総合的に考慮する事が大切である。此の点我が国在来の農事試験場的技術は前者に偏し後者の点は全く無視せられて来たのである。そして現在に於ても此のイデオロギーを不変のものと見做し、経済乃至経営を無視して片々たる技術を切売りせんとして居る。今度の所謂「指導農場制」がそれである。（秋元真次郎述「農業技術滲透施設に就て」農業技術協会編参照）まことに思わざるも甚しきものと云わねばならぬ。

然しそれかと云って次の様に極言するのも行き過ぎである。即ち近藤康男氏（「日本農業経済論」）や吉岡金市氏（「農業と技術」）等は所謂労働手段に関する技術（労働技術殊に耕耘技術）を本来の農業技術と呼び、労働対象に関する技術を「それは技能であっても技術ではない」と云われる。私の技術論を此処で展開する余裕はないが、兎に角此の見解は正当ではない。少くとも舌足らずであって誤解を生じやすい。例えば品種改良を例として見よう。従来の物の考え方によると品種改良は多収と云う点をのみ目標として来た。少くとも我が国に於てはそうであった。ところが米国あたりでは農機具の利用、省力と云う見地から品種改良が研究せられ玉蜀黍等に於て多大の成果を収めて居る。又我が国に於ても最近北海道に於て省力馬鈴薯品種の育成、即ち掘取機の能率を考慮し馬鈴薯の地下茎が拡がらず根元に固まって着薯するようなものの育成に努める研究者も現われて居る。（安孫子孝次述「北海道農業の技術的発達」日本有畜機械農業協会編参照）同じく北海道に於ける畜力による除草も、昭和五―七年頃は品種が「坊主」系統であった為不成功であったが、昭和一〇年以来茎稈が強剛で倒伏の恐れの少い「富国」が育成普及され、爾来「水稲農林二十号」、「石狩白毛」、「共和」、「栄光」の如き強稈多収種の育成と共に初めて成功するに至った。（濱浪夫著「水田の灌漑と除草」参照）此のような着眼が大切なのである。品種改良そのものは決して「封建的技術」ではないのである。尚「農業技術」の見方に就ては大体小原謙一氏の意見に同意したい。氏は好著「ソ連の農業技術」の中で次の様に述べて居る。「茲に農業技術というのは農業生産に於いて最大の成果を得るために地表、フローラ及びファウナを利用する全形態を包摂し、農業労働の組織、一年間を通じての農業労働の配分、労働要具の利用、整地、種子の準備、播種、作物管理、収穫調製等の合理化の実現を意味する。而してその基本的課題は生産単位に対して最少量の労働を支出することにより、一定の性質の有機植物質の高度の且安定した収穫を得ることにある」と。

最近現われた技術論論争上の諸論点に就ては例えば大谷省三「技術に関する一試論」（社会科学第一巻第六号）山田坂仁「技術の概念に就て」（理論第一巻第四号）等を参照せられたい。

註(2)　リカアドは資本の蓄積を述べるに当って、「資本の蓄積の遅速は労働生産力に依存し、労働の生産力は土地の生産力に依存する」と説明した。此の場合彼は機械の発達、労働組織の改善等による労働生産力の増大を無視したの

でもなければ、発展史的方法としてかく説くにとどめたのでもない。彼は両種生産力が対立しつつ、而もそれ故に統一せらるべきものと見て居たのである。此の点に就て波多野鼎教授も其の著「価値学説史第一巻、正統学派の価値学説」の中で次の様に述べて居る。

「彼が終局的には労働生産力を土地生産力に依存せしめて居ることは、これを拒むことは出来ぬ」と。

ジョーンズも彼の「地代論」の中で「蓄積及び集中と、人間の力と熟練の増進と共に漸次に増加する資本の能率とが地代の量の増加の原因であって、それが不断に作用して居ると云うことは、土地の生産力と文明国民の土地耕作技術の進歩とを規制すると同じ法則によって確証される」と述べて居る。

以上の説明によって我々の立場、即ち生産力併進論の立場が正当であると認め得た事と思うが、尚参考までに次の五項目に渉って説明を付加しておこう。

(1) 労働生産力の向上及び土地生産力の増大と云う二つの改良はその具体化上共通的措置を期待する事が出来る。例えば肥料の増投が肥料撒布器の改良と共に行われ、或いは畜力機械を導入して深耕を促し、土地培養を進め、而も作業面の労働を軽減する。（川俣浩太郎著「農業生産の基本問題」参照）更には農村の電化によって一は灌排水労働を軽減し、二に打穀能率を高めると共に、地力の向上によって収量を増加する等々の場合が考えられる。又読者は生産力の併進、総合化の前提としての土地の交換分合による集団化、農道の整備等の農業生産力に及ぼす影響を想起せられたい。

註　J・S・ミルは其の著「経済学原理」の中で、「土地改良が労働節約に及ぼす影響」を論じ、「機械の採用と土地の改良とは其理に於て異なる所はない」と説いて居る。土地改良や灌漑設備の充実が生産力併進に役立つ事実に就ては詳述するまでもあるまい。

(2)　手作業は精巧であり、機械作業は粗雑である。従って多量良質生産を行う為には労働集約農業を行わなければならないと云う謬説がある。機械作業は必ず多収的である訳ではない。しかし多収的であり得る。少くとも在来の土地生産力水準を維持する事が出来る。此の点に就て若干の例をあげて見よう。フランツ・ベンジング「農業機械の国民経済および私経済に及ぼす影響」（一八九七年）によると、旧来の三圃農法をやめて輪耕経営を採用する為には、機械の使用は重要なる必要条件を成して居た。而も機械作業によって土地生産力も向上し得たと述べて居る。尚ドイツ農業に関する調査研究の結果彼が「総収穫総収益の増加は蒸気鋤を使用する場合には一〇％、条播機を使用する場合には一〇％、打穀機を使用する場合には一五％である。なお条播機は播種地を二〇％節約する」と結んだ事は注目に値する。機械作業が在来の土地生産力技術とマッチせぬ場合もあろう。その場合後者の技術も又革新せられねばならない。水田農業の生産力を高める為に「移植、施肥」と云う線の代りに「直播、輪作」と云う線が浮き出る如きはその一例である。（拙著「水田酪農の研究」及吉岡金市「稲の移植栽培は最高の技術であるか」農村文化第二六巻第二号参照）

註　機械の使用は時間労力の節約のみならず、その品質に対しても好しい影響を与え得る。此の点は小林久子「アメリカの米作」（日本農業研究所報第一巻第一号所載）に於て正しく指摘せられた。

農業の機械化は反当収量を減少せしめずに行う事が出来る。此の点に就ては吉岡金市氏の諸労作に詳しいのであるが、此処では山田為友「稲作作業機械化に関する実験並びにその考察」（現代農業昭和十五年二月刊）によって新潟県の成果を引用して見よう。「自動耕耘機で耕耘する時は、深さ四寸乃至六寸に達し、水平の方向に土を切削するから耕盤は均一であり、また切削せられた土塊は、細切反転、後方に堆積せられるから、土塊個々の風化面が大となり、崩壊が早い。又田に残存せる稲株等は切断せられ土中にすき込まれる結果、腐敗を促進することになる故に、牛馬耕の如く砕土の要なく、直ちに代掻を行うことが出来る。又能率が高いために、整地後に於ける諸般の作業が順調に進むという間接的の効果もあり、稲の生育に良好なる影響をもたらすことは容易に想像し得られる。筆者も本年度実施せる栽培試験に於てこの傾向を判然と認めた。」之を要するに「機械力利用により稲作が粗放に陥る結果減収を来すが如き虞れは絶無であると確信する」と。

(3) 土地生産力の増強上農民は或る作業部面（例えば耕耘作業）に於ける必要労働量を軽減し、或いは其の作業を適期に終了し、他の作業（例えば堆厩肥製造）に努力を集中し、又は此等の作業をより効果的ならしめるような労働技術を当然歓迎する。

註　農業機械が重要なのは「単にそれが労働力を節約するが故のみではなく、又それは人間の労働力よりずっと早く作業するからである。」（カウツキー著「農業問題」）、例えば昭和十四年度の稲作に就て新潟県農事試験場で行った耕耘砕土作業の反当所要時間を見ると、人力一九時間三〇分、畜力五時間一〇分、機械力一時間丁度となって居る。（新潟県農会「自動耕耘機に関する参考資料」昭和十四年十一月刊）又神奈川県中郡金田村農業会で行った試験成

第7表　東北及近畿両地方に於ける稲作反当所要労働量の配分関係

	実数（日）		百分率（%）	
	東北区	近畿区	東北区	近畿区
本年度の稲作の為の前年度に於ける準備作業	0.57	0.17	2.61	0.86
苗代一切	0.98	0.56	4.49	2.83
本田荒起整地	3.62	3.14	16.58	15.88
挿秧	2.74	1.92	12.55	9.71
除草、施肥、病虫害防除	4.40	4.99	20.15	25.24
灌排水管理	0.91	1.42	4.17	7.18
刈取、運搬、乾燥、収納、扱落、籾乾燥	5.98	5.71	27.38	28.88
籾摺、調整、俵装、後仕末、その他	2.64	1.86	12.09	9.41
合計	21.84	19.77	100.00	100.0
反当収量（昭和8年−14年平均）	1.915石	2.324石		

績によると、耕耘反当所要時間は最近二ヶ年平均人力一六―一七時間、畜力四―五時間、電力一時間二〇―四〇分であった。（渡邊一郎「電気」若い農業第一巻第二号）

此の点に就て帝国農会経済部編「稲作作業別労働に関する調査」（昭和十四年度）を資料として分析したのが第7表である。（尚小池基之著「水田」参照）一般的に云うと農業の先進地方では準備作業、脱穀籾摺作業等に就て投下労働量を減少せしめ、中耕除草、施肥、病虫害防除及び灌排水管理等に力を集中して居る。これに対し後進地方では準備作業、苗代、脱穀、籾摺、調整により多くの労働を必要とする。反当必要労働時間の総計もより多い。而も労働生産力、土地生産力共に低いのである。

註　鎌形勲「佐賀県に於ける稲作労力の分析」（佐賀県農業労働研究所報告第二号）によれば、稲作各作業労力と反当収量との相関係数は、苗代(−)〇・六一一、耕耘(+)〇・〇二〇、田植(−)〇・八四六、除草施肥(−)〇・八一〇、灌排水管理(−)〇・一七一、刈取乾草(−)〇・四八一、籾摺俵装(−)〇・二八二である。稲作総労力と反当収量との相関係数は(−)〇・六一一であって負の関係が認められる。即ち稲作総労力の少い農村は一般に反当収量が大きく、稲作総労力の沢山かかる処は通常収量が少い。即ち労働生産力と土地生産力とは併進的である。かかる現象の起る理由の一つとして自然条件上の差が考えられる。例えば山村のような自然条件や栽培条件の悪い低生産性の地域に於ては存外多量の労働が投下されて居る。然し農業技術（技術とは、人間の環境把握における実践的方法である）によって克服し得ぬ程度の粗悪農業地帯は数少い（かかる地域では寧ろ積極的に省力農業を行うべきであるかも知れない）のであって、此の種の現象を単に自然力による偶発的なものと理解するのは正当ではない。ブレンターノ教授も云って居るように、「土地は云わば人間の技能によってその中で活動せしめられる一種の力を受け入れるように定められた一つの容器」（東畑精一、篠原泰三共訳「農政学原論」）なのである。

尚鎌形氏の研究によれば反当稲作総労力と稲作各作業労力との相関係数は苗代(+)〇・八九四、耕起(+)〇・七〇九、田植(+)〇・九九八、除草施肥(+)〇・八九〇、灌排水(−)〇・六四二、刈取脱穀(+)〇・八九六、籾摺(+)〇・七三四となって居る。

(4) 土地生産力の向上はひとり農業労働の集約化のみに依存するものではない。単位面積当より多量の生産物をより少い労働力の投下と、従って亦より少い労働強化とを以て狙う事が出来る。そしてこれを可能ならしめるものが資本であり、農業技術なのである。此の間の事情に就ては故川俣浩太郎兄の好著「農業生産の基本問題」で正しく取上げられたのであり、私も今まで詳説してみたつもりである。然し此の命題は数多くの謬見によって看過せられて居た。それであるから尚若干の資料を付加えて見たいと思う。

先ず第8表を参照せられたい。

これによると明治中期（明治二十三及三十二の両年）と現在（昭和十二及十三の両年）との間に於ける反当収量

第8表　帝国農会「米生産費調査」に於ける稲作反当所要労働量と収量の変遷

調査年度		反当所要労働量	反当収量	労働1日当収量
		日	石	石
明治※	23年	29	1.8	0.0620
	32年	29	1.9	0.0655
	41年	31	2.0	0.0645
	45年	32	2.1	0.0656
大正	11年	23.3	2.5	0.1072
	14年	21.2	2.5	0.1179
昭和	5年	21.8	2.7	0.1238
	8年	21.2	2.5	0.1179
	9年	20.6	2.1	0.1019
	12年	20.5	2.5	0.1219
	13年	20.2	2.5	0.1237

※明治年間は齋籐萬吉氏調査

の増加率は三五・一％、労働収量の増加率は九二・六％である。一方反当所要労働量は二九・九％減少して居る。即ち反当所要労働量は漸減傾向を示し、反当収量と労働収量とは仲良く漸増して居る。労働生産力の発展が単位面積当所要労働量の減少のみならず、反当収量の増加を通じて実現されて来た事は特に注目に値する。

註(1)　猪坂直一「段当収米量の発展―日本農業史の一断面」(「信濃」第四十七号)によると、我が稲作農業に於ける反当収量は奈良朝時代六斗内外、鎌倉時代八斗内外、徳川時代一石乃至一石五斗、明治末一石七斗、昭和代二石と漸次発展して来たと云う。これに対して反当所要労働量は逆関係である。例えば貞享元年の書「会津農書」によると、当時反当労力は「苗代に二人、田うないに三人、塊耕畦切に一人、新塊馬共に二人、鼻坂に一人、五月乙女に二人、刀祢に四人、水見に一人、養に十人、苗取に一人、草取二度に六人、稲刈二人、稲乾挙共に四人、都合四十人」が必要であったと。ところが現在では所要労働量は半減し、而も反収が増加して居る。此の様に明治以前に就ても生産力併進の事実が認められて良いのである。勿論反当労働投下量が現在よりも低い時代であった。(例えば第9表参照)然し其の場合反収はより低位にあった。

第９表　我が農業に於ける労働集約度の変遷

（反当所要労働量）

	古代※1	現代※2
	人	人
大　麦	14.5	18.5
小　麦	14.5	16.0
大　豆	13.0	8.7
小　豆	13.5	10.0
蕪　菁	32.5	33.2
葱	87.0	53.3
生　姜	78.0	28.5
茄　子	41.0	78.9
人　参	18.5	35.6
油　菜	28.0	20.4
里　芋	35.0	27.3

※１）延喜式35巻内膳司耕種園圃条（黒正巌著「日本経済史」）による。

※２）帝国農会編「昭和15年度農産物生産費調査」による。

「封建時代に於て土地生産力に対する関心は至大である。これに対して近代的社会に於ては自ら事情が異って居る」との説の是非（例えば豊崎稔「農業に於ける技術と経済」—河田嗣郎編「農業新機構研究」所載—参照）は兎も角土地生産力も亦近代的社会に於て異常なる発展を来した事は疑う余地がないのである。尚リカアドが近代的社会を前提としながら土地生産力と云う概念を取上げた点に注目せられたい。

註(2)　徳川時代の進歩的農政学者である佐藤信淵はその著「垂統秘録」（安政四年）に於て土地効率のみならず農民の労働効率を重視しその規準を示した事はまことに卓見と称すべきである。即ち彼は同書「本事府第一」に於て次の様に述べて居る、「凡そ農業を勉強する民は夫婦壮健にして水田に従事し、大抵米五十石を出すべく、白田（ハタケ）なれば麦二十石を得。其の他雑穀諸菜、綿、麻等の類も、自家の用を弁ずるほどは取得るものにて、牛馬あれば殊に余裕あり。若し老父母、兄弟、姉妹等の壮健なる者有て此を助力するに至ては米を出すこと益々多し。是を以て此を概するに、健男子一人水田に従事すれば三十石の米を出し、健婦女は十五石より二十石を出すべし。又陸田に従事するときは十月初旬より四月下旬までに大麦か小麦を作りて、男は四十石、女は二十五石を出し、其他黍、稗、豆、粟等の諸雑穀の中、何れを作りても数十石を得べく、或は木綿、麻、芋、藍、煙草の類を作るも利潤甚だ厚し、或は蚕を養うも大利を興し、或は都下大邑の近傍なる村里は穀類を減じて種々の蔬菜類を夥しく作り出すも其の利潤広大なり」と。尚後掲「佐藤信淵の農業生産力説」を参照せられたい。

第 10 表　茨城県に於ける稲作反当収量及反当所要労働量の変遷

年次		反当収量（石）	反当所要労働量		（日）
大正 8 年	粳米	1.887	標準農家		31.7
	糯米	1.732	水田地方農家	早稲	32.8
	平均	1.873		中稲	29.5
				晩稲	34.0
昭和 8 年	中部地方	2.000	中部地方		23.6
	西部地方	2.100	西部地方		24.5
昭和 14 年		2.187			23.1

註(3)　「我が国に於て農業生産力の併進が認められたとしても、それは土地生産力の向上のみに基いてなされたものであるに過ぎない」と説く論者もある。此の論旨によると、「我が農業に於ける労働生産力は単に土地生産力の従属者として一方的に規定せられて来た」と云う事になる。勿論既述したように土地関係の重圧その他によって我が農業が土地生産力偏向的であった事は事実である。然し従来に於ても「進歩の法則」の「所有法則」に対する克服支配傾向が現われて来て居た。それであるから「農業生産力の併進」と云う現象が見受けられた訳である。土地生産力偏進と云う方向が此等論者の話通りに強行せられて居たとするならば、生産力併進の傾向と云うものは既に行詰って居た筈である。労働力偏進の場合も亦同断。尚栗原百寿著「日本農業の基礎構造」、渡邊信一著「日本農業の経済学」、大川一司著「食糧経済の理論と計測」、山田勝次郎著「米と繭の経済構造」等を参照せられたい。

註(4)　比較的高い生産技術を持つ岡山県を例としての生産力併進関係の実証は既に吉岡金市氏（「農業と技術」、「日本農業労働論」等）によってなされた。ここでは東北型の発展過程を茨城県を例として表示するにとどめたい。第10表を見ていただきたい。大正八年の数字は「茨城県産業調査書」、昭和八年の数字は「水稲及陸稲耕種要綱」、昭和十四年反当収益は「農林省統計表」、同年の反当労働量は「稲作作業別労働に関する調査」による。（尚小池基之著「水田」参照）

(5)　新開国の例外的事例（此等の国に於ても時の経過に伴い結局生産力併進の道に向うものである事は前述した）を除くならば、生産力併進の事実は単に時間的のみならず

第 11 表　我が国に於ける農区別稲作反当労働量、反当収量及労働 1 日当収量

農区別	反当所要労働量	反当収量（昭和 8–14 年平均）	労働 1 日当収量
	日	石	石
北海道	11.8	1.494	0.1266
東北	21.9	1.915	0.0875
関東	19.7	2.009	0.1020
北陸	20.0	2.196	0.1098
東山	20.4	2.284	0.1120
東海	19.8	2.128	0.1075
近畿	20.7	2.324	0.1123
中国	21.6	2.000	0.0926
四国	20.6	1.998	0.0970
九州	19.8	2.136	0.1079
沖縄	17.8	1.313	0.0738
全国平均	19.7	2.048	0.1040

空間的にも明らかに写し出す事が出来る。先づ我が国に就て見よう。第11表は「農林省統計表」及帝国農会経済部編「稲作作業別労働に関する調査」（昭和十四年度）に拠って作成したものである。尚第11表に基いて第12表を纏めて見た。

註　小池基之著「水田」、矢島武著「北方農業の性格」も参考になる。

これによると近畿（地産一位、労産二位）、東山（地産二位、労産三位）、北陸（地産三位、労産四位）、九州（地産四位、労産五位）の四農区は、生産力併進の事実を積極的に確認し得る地域であって、両種生産力共に高い。又東海（地産五位、労産六位）、関東（地産六位、労産七位）、中国（地産七位、労産九位）、四国（地産八位、労産八位）は第一群に比して両種生産力共梢々未熟である。更に東北（地産九位、労産十位）、沖縄（地産十一位、労産十一位）に至っては両種生産力共に最低位である。

註　自然条件上の差違も勿論考慮しなければならない。此の点に就ては岩片磯雄著「食糧生産の経済的研究」（特にその九十六頁）が参考に

第 12 表　我が稲作農業に於ける農区別生産力併進関係の分析

農区別		土地生産力の順位	労働生産力の順位	土地生産力指数（近畿基準）	労働生産力指数（近畿基準）
第 1 群	近畿	第 1 位	第 2 位	100.0	100.0
	東山	第 2 位	第 3 位	98.3	99.7
	北陸	第 3 位	第 4 位	94.5	97.7
	九州	第 4 位	第 5 位	91.9	96.0
第 2 群	東海	第 5 位	第 6 位	91.6	95.7
	関東	第 6 位	第 7 位	86.4	90.8
	中国	第 7 位	第 9 位	86.1	82.4
	四国	第 8 位	第 8 位	86.0	86.3
第 3 群	東北	第 9 位	第 10 位	82.4	77.9
	沖縄	第 11 位	第 11 位	56.4	65.7
第 4 群	北海道	第 10 位	第 1 位	64.3	112.7

なる。

此の様に生産力併進の関係は顕著に写し出されて居るのである。但し北海道は例外である。即ち此の地方の稲作は労働生産力に於て全国随一の成果を示すに反して土地生産力は至って低く沖縄を除いては全国中最低である。

かかる結果は同地方の新開地的性格（準アメリカ型）及び自然条件の劣悪性に基くものであって、勿論当該地方農業技術水準の低位なるが為ではない。而も北海道農業の近状は如何であるか。最近労働能率の向上と共に地力の維持、増進が論議せられ、又指導せられて居る事は周知の如くである。

註(1)　同様の結論は栗原百寿氏の研究に於ても見出される。即ち同氏は論文「日本農業に於ける中堅農家層の分析」（中央物価統制協力会議編）の中で昭和十四年度帝国農会「米生産費調査」を分析し次の様に結ばれて居る。「自作、小作を通じて九州及び北陸は反当収量大、労働収量大の絶対的高水準を、北海道は反当収量小、労働収量大の相対的水準を、近畿は反当収量大、労働収量小の相対的低水準を、沖縄は反当収量小、労働収量小の絶対的低水準を示し、其の他の農区は夫々中間的形態をなして居る」と。近畿地方だけは我々の結論と相違して居るが、勿論我々の判断の方が正しい

のである。

註(2)　労働生産力大、土地生産力小と云う偏傾関係を示す北海道に於ても最近農業技術を所謂「併進原則」の線に沿って再編成しようと色々な試みがなされて居る。例えば北見国上斜里経営試験農場は昭和四年地味瘠薄な火山灰高丘地に設立せられたが、①適作物の選定、②品種の選択、③経営を多角化すると共に優良農具例えばプラウ、グレーン・ドリル、除草ハロー、抜根機等を採入れ、労力の経済及労力の配分を良好ならしめた事、④家畜を入れ、労力を節約すると共に、土地に対して多量の厩肥を施した事、⑤緑肥作物を栽培し、又巧妙なる輪作を行って地力を培養した事、⑥根菜類の如きものに対しては深耕を行った事、⑦雑草の減少に努めた事、⑧栽培技術例えば麦の密条播等の新知識を消化し得る当該農場経営主の高い経営能力等によって反当所要労働量減、反当収量増大、労働収量増大と云う成果を収めて居る。特に単に一作物のみならず多種類の作物に就て同時に併進成果を収め得て居る事はまことに注目に値する事実である。（尚渡邊侃著「農家経済学」参照）そしてかかる進路が今後の「北海道農業の道」である事に就ては既に定説を見て居るのである。（此の点に就ては渡邊侃著「北海道農業経営論」、安孫子孝次、小森健治共著「北方の農業経営」、北海道農業教育研究会編「地力の維持増進」等を参照せられたい。）

此の様な関係は単に我が国に於て見受けられるだけではない。世界諸邦共通の事実である。又これを総括的に云うならば朝鮮、台湾、印度或いは東欧諸邦は両種生産力共に低位にあるのに対して、一方西欧の先進農業国に於ては労働生産力、土地生産力共に極めて高いのである。

註(1)　世界諸邦に就て此の間の関係を知らんとする読者は例えばコーリン・クラーク著「経済的進歩の諸条件」（小原敬士訳）、D・ウォリナー著「小農経済論」、拙稿「世界諸邦の農業生産力」等を参照せられたい。尚朝鮮及支那に

第 13 表　日本及朝鮮稲作の生産力

	実数		指数（日本基準）	
	朝鮮	日本	朝鮮	日本
反当収量※1）	1.277 石	1.969 石	65	100
反当労働日数※2）	16.5 日	20.0 日	83	100
労働 1 日当収量	0.077 石	0.098 石	79	100

※1）昭和 9‒13 年の平均
※2）昭和 8 年度、日本は帝国農会調査自作農、朝鮮は朝鮮総督府調査、自作、自小作、小作の平均。（尚岩片磯雄著「食料生産の経済的研究」参照）

第 14 表　日本及支那稲作の生産力

	実数		指数（日本基準）	
	支那※1）	日本※2）	支那	日本
反当収量	1.617 石	2.048 石	79	100
反当労働日数	17.4 日	19.7 日	88	100
労働 1 日当収量	0.092 石	0.104 石	89	100

※1）ロッシング・バック著「支那に於ける土地利用」所載、1929－33 年小麦地帯及水稲地帯の平均。
※2）昭和 8‒14年平均、尚前掲第 11 表参照。

就て第13表及第14表に例示して見よう。

註(2)　ソ連に於ける農業生産力の動向に就て少しく説明して見よう。革命後に於ける此の国の農業政策は周知の如く社会主義的大規模農業の建設に向うものであった。「農業生産力の向上は所有の法則によってではなく、進歩の法則によって貫かれなければならない」と云う正しい命題を自国農業に当嵌めて行くと云う事が革命後に於ける指導者達に課せられた重大なる任務であった。しかしこれを行う為には若干の準備が必要であった。大規模な機械工業や電化事業の確立、「これをなしとげたときにおいてのみ、たとえていえば我々は馬を換える事が出来るのだ。即ち瘠せ衰えた農民百姓の馬と荒廃した農村をたてなおす経済の馬、即ちプロレタリアートが探し求めて居り、また求めざるを得ないような馬と。」（「レーニン選集」第九巻）そしてやがてその新しい時が訪れて来た。一九二九年、農業集団化運動は遂に開始せられた。「われわれは富農の生産物に代うるに集団農場や国営農場の生産物をもってし得る物質的基礎をもっている。……これこそわれわれが、最近に於て富農の搾取癖を抑制する政策から階級としての富農を根絶する政策に転換した所

以である」（「レーニン主義の諸問題」）とスターリンは述べた。「深刻なる革命、結果に於て一九一七年十月の革命にも比すべき社会状態の古きものから新しきものへの質的飛躍」（「全連邦共産党史」）はかくて開始せられた。その結果はどうであったか。

農業の集団化はすべて円滑に進行し、何の障害にもあわなかったというわけではない。いや数多くの障害に逢着した。しかし結局に於て勝利を……確固たる勝利をもたらしたのである。初期に於ては土地生産力に就て思わしい成果を得なかった。それには色々の理由がある。

富農の妨碍と云う事も大きな原因である。又指導者技術者の政策的或いは技術的誤謬と云うことも一つの原因であった。着眼が労働効率（リカアドの改良Ⅱ）に偏傾して行われ、トラクター浅耕、単位面積当穀物播種標準量の切下げ、単作及超専門化が勧められたと云う事にも問題があった。しかし「それではならない」のである。社会主義経済は「高度の欲望充足経済」（高木暢哉著「ソ連経済の機構」）であり、現物総量の如何が直接問題となる。それであるから集団化農業の改良も亦「生産総量の増大、所要労働量の節減」と云う原則に従うものでなければならない。労働生産力と土地生産力の併進、労働生産力の実質化と云う事が努力目標となれなければならない。此等の点に鑑みその後のソ連農政は技術的問題としては、①耕深一五—一八糎程度のガング・プラウに対する不信任、②深耕の奨励、③輪作の採用、④品種の改良、純粋品種の作付増大、⑤肥料の選択及増投、⑥土地改良、⑦圃場の清潔化、⑧秋耕の実施、⑨中耕作物及他の輪作作物の入念なる管理、⑩病虫害の防除等に格段の努力を払い、これと農業労働総合機械化との調和を問題として居るのである。（ヴェ・エル・ヴィリヤムス「土壌学」一九四〇年によれば、『ソ連農業の土地生産力は整地体系、輪作体系、及肥料体系と密接な関係を有し、この三つの体系を満足させた場合に於ける小麦の収量は一ヘクタール当り五—一〇トンとなり、肥料体系を忽かにした場合には一—五トン、整地を忽かにした場合には一トンを超過する事は稀で、輪作の要求を充さない場合は〇—一・六トン平均〇・七トンとなって居る』と云う。尚小原謙一著「ソ連の農業技術」参照）

そして農民に対する指導も単に「エヌ・テ・ヂエムチェンコはチェ・テ・ゼ型トラクターで二七〇〇ヘクター、エス・テ・ゼ型トラクターで一二一五ヘクターの作業をやってのけて東ソの記録をつくり、同時に燃料を一〇四八八キロ節約した」とか、「ヨシフ・イッコウイチ・アブラムスキーは一九三八年に於て家族と共に一二一〇労働日と云う稼ぎぶりを示し、現金四六二七ルーブル、小麦七〇三キロ、馬鈴薯一四〇〇キロ、葱とキャベツ三五三キロを得た」とか云うスタハノフ的能率の称揚のほか、「ズヴェニヴァヤ・クセニヤ・セミヨノヴナ・ボローヂーナの一九三八年に於ける馬鈴薯の平均出来高は七・五ヘクターの地面では一ヘクター当三三〇ツエントネル、其の他の小地面では一ヘクター当五七五ツエントネルだった。キャベツに就てはその平均出来高は一ヘクター当三〇〇ツエントネルであり、馬鈴薯及野菜のスタハノフ的収穫を収めて居る」と云うような見方も取上げられて来て居る。又スターリン書記長も第十八回大会に於て農民に対して「一ヘクター当り十二―十三ツエントネルの平均にて穀物八〇億プードの年次生産」をあげる事を要望して居る。（ゲ・サマリン及ヴェ・アントノウイチ共著、中山一郎訳「シベリヤは招く」―東ソの実情と開拓移民―参照）土地生産力の規準を示し、土地生産力の向上に就ても亦格段の努力を払いつつあるのである。

農業生産力併進の現象は最近特に目立って来た。第一に「単位面積当り収穫高すなわち収穫率が著しく増加した。一九三八年のコルホーズに於ける穀物全体の平均収穫率は一二・五ツエントネルであるがこれは一九〇五―一九〇九年の平均収穫率である。六・六ツエントネルに比べると約二倍になって居る。」しかも重要なことは「この収穫率の著しい増加は、労働の集約化によって達成されたのではない」と云う事である。「収穫率の著しい増加は労働の集約的投入によらずして、科学技術の導入による労働生産性の増進によって達成されたのである。コルホーズ員一人あたりの農業の生産高は一九二八年と一九三九年とをくらべると倍加しているのであるが、これが収穫率の増加と符合していることがこの間の事情を端的に説明している」（西澤富夫「ソヴェトに於ける農民の生活と文化」文化評論創刊号）

この点に就てウオリナーもその著「小農経済論」の中で次の様に実証して居る。即ち「ソ連の穀物生産高は一へクタール当り一九一三年度八・五キンタル、一九二九年七・五キンタル、一九三一年六・七キンタル、一九三二年七・〇キンタル、一九三五年八・七キンタルであった。一方労働生産力の方は一九三五年農業者一人当推計八—九キンタル、一九三七年一〇キンタルである」と。

前掲第6表によっても伺われるように「ソ連の農業は著しく低い水準から出発した。それであるから現在でも世界農業水準に比較すると低位にある。しかし著しい発展テンポで「これらの距離」を追いかけて居るのである。労働生産力に於ても、土地生産力に於ても「建設のボリシェヴィキ的高テンポの展開」が行われて居るのである。

（尚エ・エ・ヤロスラウスキイ著、前芝確三、小松茂男共訳「スターリン」参照）

○　○　○

以上を以て小論を終える。得たる結論は農業生産力の併進である。農業生産力の併進！　此の創造的刺激は人心に希望と渇仰の尽きざる泉を与えうるものと思われるのである。

第二部　土地生産力の把握

『土地の果実の観察は、一切の事物の創造者に対する一つの宗教的情操を想起させる。
またそれは自然研究者を駆って果実発生の認めうべき諸原因の追求を為さしめる。
一人のファウストは生命のかくれた力に関する知識を恋しがる。』

（ウィーザー著「自然価値論」）

土地生産力（即ち地力）の把握は三種の観点……第一には自然科学的見地から、第二には経営技術的見地より、第三に経済学的見地によって其の全姿体を写し出す事が出来る。

先づ自然科学的見地に就てであるが、此の場合地力（之をP_Bにて示す）とは所謂降水、陽光、空気、温度に基く自然力と土壌の物理的並に化学的条件に基く肥力（即ち狭義の地力）との総合力である。例えば土壌学者ショウ（Shaw）は次の如く土地生産力を把握して居る。

$$P_B = F(M.\ C.\ V.\ T.\ D.)$$

但し　F……函数

M……母岩

C……気象因子

V……生物の作用

T……時間

D……風、水、其の他の外力

同様にゼニー（Jenny）も次の如く示して居る。

$$P_B = \int (m.\ T.\ v.\ p.\ r.\ t.)$$

但し　m……温度

T……気温

v……植生
p……母岩
r……地形
t……時間

此等の認め方は土地の生産力を自然的諸条件の単純なる函数として把握する点に特徴を有するものであるが此の力は決して自然的に形成せられるものではなく、人間の主体的行為的統一に依って実現されるものなのであるから、自然力、肥力、人為の力即ち営力及び時間との函数として把握すべきものと考えられる。此の点に着目して例えばライオン（Lyon）の如きは次に示す通り栽培法、其の他の人為的要因を地力函数式に加えて居る。

地力＝（土粒の精粗）×（構造）×（有機物）×（水分）×（有効成分）×（反応）×（気候）×（植物病害）×（栽培法）×（其の他）

此の考え方は大工原博士によって一層徹底せられた。即ち其の把握表式は次の如くである。

$P_B = \int (P.\ r.\ s.\ p.\ c.\ d.\ T.\ R.\ F.)$

但し

（自然的因子）
P……作物の生物的特性
r……降水量及其の分布

s……太陽のエネルギー
p……土壌の理学的性質
c……同化学的性質
d……同微生物学的性質
等
（人工的因子）
T……耕耘
R……輪作
F……施肥

以上の説明によって我々は所謂地力と云うものが可変的なものであり、又肥力とも自然力とも異った内容を有するものである事を知った訳であるが、自然科学者の地力に関する研究は主に肥力中心主義であった事も亦事実である。

註(1)　地力を此の様な函数関係として理解せず、之を不可壊的な力（The indestructible powers of the soil）と確信した経済学者リカアド流の知識に対して著名な農芸科学者リービッヒは好著（Die Chemie in ihrer Anwendung auf die Agrikulturund Physiologie, 1862.）を以て雷霆の役を演じた。即ち彼は其の講究に於て所謂地力に関する五十命題を提出し、非科学的な論者達を徹底的に攻撃して居る。今彼の五十命題中主なる部分を併記するならば次の如

くである。

（第三命題）

「土地の生産物は其の収穫毎に元土地の成分にして今や植物の成分となるだけのものを其の土地より拉去する。されば播種以前の土地は収穫以後の土地よりも此の成分に富むものである。即ち土地の構成分は収穫毎に多少づつ変化するを免れぬ。」

（第四命題）

「一定年数の後即ち幾度か収穫の行われたる後に於ては土地の沃度は減少せざるを得ぬ。他の条件は例え同一不変なりとも土地のみは其れ以前の状態を不変に保ち得べきものではなく、然も其組成分の変化は其の土地が漸次磽确となる原因である。」

（第三十命題）

「一地を耕作せないで放置する事によって其の肥沃度を増す事及び収穫によって養分を拉去せられ乍ら之を補充するの道を講ぜざる事は早晩其の土地が漸次に磽确となる結果を齎す。」

リービッヒは此の様な諸命題の結論として「施肥」及「休閑の原理」を出した訳であるが、これを函数論的に詳細に試験研究したのが合衆国の科学者W. J. Spillmanである。例えば彼はジョージャー州ピフトンに於ける煙草作試験に基いて其の収量を次の様な数式で表わして居る。

$$y = A(1-R^{n+a})(1-R^{p+b})(1-R^{k+c})$$

但し　n……土壌中の窒素の含量

a……肥料中の窒素の含量

p……土壌中の燐酸の含量

b……肥料中の燐酸の含量

k……土壌中の加里の含量

c……肥料中の加里の含量

A……1.414ポンド／エーカー（常数）

R……0.8（常数）

又農学の進歩発達は「休閑の原理」を所謂「輪作の原理」の中に織込むと共に、作物を地力維持作物、地力減耗作物、地力増進作物の三大群に分類し、作物及土壌による地力維持指数（Soil productivity index）を計測し、作物相互の組合せ及施肥量に基く地力維持均衡（Soil conservation balance）を批判し得る程度に迄進んで居る。此の点に就ては例えばG. W. Miller: Use and Possibilities of the Country Agricultural Planning Project in Ohio in developing Program a d Policies等を参照せられたい。

註(2)　農学上「時の要素」の重要な事を能く看破したものも彼リービッヒである。例えば、彼の著　Ueber Theorie und Praxis in der Landwirtschaft. 1856. を参照の事。

此の様な地力に関する自然科学的な理解を採入れながら、人間の力即ち営力を思考の中心とし、労働組織との関連に於て土地の生産力を把握しようと云うのが所謂経営技術的な理解方式に他ならない。経営技術的な地力の表式は農業生産上重要な営力、肥力及自然力に関する技術的諸条件の時間的な函数として、例えば次の如く表わし得るのであろう。

$$P^B = P / B = F(x, y, z, \ldots\ldots)$$

但し　P……作物収量

B……耕地面積
F……函数
x……経営技術
y……気象の状況
z……肥力

此の関係を如何に函数式化すべきかと云う点は困難な問題であるが、次の様な最簡形式によって表わし得るものと仮定しよう。

$$P_B = ax + by + cz$$

但し a, b, cは常数

此の場合（x）（y）及び（z）は特に長期的に見れば相互規定的な関係を持つが、其の事は此の三者を夫々独立した変数と認めて反省する事を妨げるものではない。

今ある経営でn_1年度に於て$x=x_1$, $y=y_1$, $z=z_1$, $P_B=P_1$であり、翌年のn_2年度には$x=x_2$, $y=y_2$, $z=z_2$, $P_B=P_2$であったとすれば、両年間の地産力の比較は$P_2/P_1=(ax_2+by_2+cz_2)/(ax_1+by_1+cz_1)$として把握せられる。然るに肥力は長期間は別であるが、普通条件の下に於て施肥、輪作等の配慮があるとすれば一定的なものであって大体$z_1 \fallingdotseq z_2$と見てよい。従ってn_1及びn_2年の土地生産力の差は次の如く示されるであろう。$P_2-P_1 \fallingdotseq a(x_2-x_1)+b(y_2-y_1)$

此の場合停滞的な経営に就ては特にそうなのであるが、一般に連続年度に於ける経営技術の内容は同様であって、

$x_1 \fallingdotseq x_2$的な色彩をおびて居る。そうなると土地生産力の変動は$P_2-P_1 \fallingdotseq b(y_2-y_1)$ 即ち自然力の変化の表われに過ぎない事となる。我々は此の様な土地生産力の変化を常時示して居る農業経営を「看天的農業経営」と名付けよう。此の呼び方は農業技術段階の低位なる事を良く示して居る。此種農業経営の地産力を連年比較する事によって、我々は少くとも理論的には頗る精密な農業気象指数を算定し得るであろう。又逆にn_1, n_2年の土地生産力の増大が同一気象条件同一肥力条件の下に為された場合当該経営の地産力の進歩は一に経営技術の向上に基くものである。又此の結果は長期的には肥力に対しても漸次好ましい影響を与え行く事となろう。従って同様の着眼並に豊凶指数等による修正に基いて経営技術乃至肥力に関する指数も計測し得られ、此等と土地生産力との関係、農業技術の型等が明確となる筈である。

　更に経営の間の土地生産力の差違に就ての同様な研究は此の様な問題解析の手続上一層有効である。今一農作年に於ける地産力がA、Bの両経営に於て変化ある場合両者は次式の如く比較せられるであろう。

$$P_B/P_A = (ax_B + by_B + cz_B)/(ax_A + by_A + cz_A)$$

　若し当該両経営地が接続乃至隣接して居たとするならば、気象条件は大体同一と見てよい。即ち$y_A \fallingdotseq y_B$である。従って両経営間の土地生産力の差違は次の如くに表わされる。$P_B-P_A \fallingdotseq a(x_B-x_A)+c(z_B-z_A)$。若し両農業経営の土地に於て肥力が略同一と見做し得る場合両者間の生産力の懸隔は一に経営能力、経営技術の差に基くものと見て良く、同一気象、同一肥力田畑に就て現象せられた地産力の差異は各経営の技術程度を正しく示すものである。又同一気象条件地域内に於て、然も経営技術的にも殆んど差違のない農業経営間に於て、土地生産力に差異ある事実が認められたとすれば、それは $P_B-P_A \fallingdotseq c\,(\mathfrak{z}_B-\mathfrak{z}_A)$ の式の示す如く肥力の差に基くものと考えられる。従って此の様な経営が存在する地帯に就て我々は少くとも理論的には肥力係数の計測が可能である。*

＊　長畑健二「反当収量の意義と其の利用」（帝国農会報第二十三巻第一号）参照。

以上の如く我々は先づ自然科学的に、次いで経営技術論的に地力の把握方式を尋ね又其の意味を反省して見たのであるが、此の様な研究は勿論地力の経済学的把握の前提として試みたのであった。それならば所謂社会経済的に見て土地生産力はどの様な基準に基いて理解すべきものであるか。通説によれば土地生産力式は自然科学的乃至経営技術論的計測の場合と全く同様に土地量（B）対単位期間の生産物量（P）、即ちP/Bとして把握せられ、唯其の内容乃至変化の様相を社会科学的に理解する点に独自の性格が見出されて居る。もっとも此の表式そのものに就ても経済学的な基準を設定しようとする試み、*例えば土地の純富生産率、即ち（純富生産高）／（土地用役量）を以てせんとする議論、又は地主的見地より見た地代率、即ち（地代額）／（土地面積）が正しとなす説更には資本家的観点の下に土地資本の収益率、即ち（地代額）／（土地資本額）を可とする者もある。

＊　河田嗣郎「農業金融の理論と実際」等参照。

註　尚フランス等の西欧諸国では土地の生産率及び土地の収益率と云う指標がかなり普及して居る。此処に「土地の生産率」とは収穫と種子とを比較した生産率を云うのであり、「土地の収益率」とは土地によって代表せられる資本に対する利率を指す。具体的な事例に就ては例えばド・ラ・シャヴァンヌ著池本喜三夫訳「フランス農村社会史」参照の事。

然し乍ら生産力の計測は元来技術的数量に基くのが正しい。収益力基準に拠って生産力を歪曲する事は許されない。土地生産力の表式を通説の如く受取り、其の性格乃至現象の説明を社会経済学的に取扱うのが正当な筋道と考える。自然科学的乃至経営技術的把握では説明し得ぬものであり、しかも土地生産力を背後から大きくゆすぶって居るものに就て実体を究明して行かなければならない。

本章に於ては此の様な前提に従って我が国農業に於ける土地生産力の現状を把握し、之と所謂農業高度化に関する二法則、即ち農業経営規模に関する「進歩の法則」、並に土地所有事情に基く「所有の法則」との関係を検討して見たい。

先づ土地生産力と進歩の法則との関連に就て検討を始める。

第１表は近藤博士が昭和十二年度帝国農会「米生産費に関する調査」に基いて作表せられた「農業経営規模別土地生産力の比較表」である。*

第１表　水田に於ける経営規模別土地生産力の比較

田の経営規模	調査戸数	反当玄米収量	同指数
	戸	石	
5 反 － 1 町	178	2.481	100.0
1 町 －1.5 町	222	2.454	98.9
1.5 町 －2 町	106	2.485	100.2
2 町 －2.5 町	63	2.482	100.0
2.5 町 －3 町	22	2.546	102.6
3 町 以 上	22	2.582	104.1

＊　近藤康男著「転換期の農業問題」参照。尚当該年度は地方的豊凶の差が少く事変の影響による凸凹のあらわれない年であった。

同表は全国六百十三戸の平均であるが経営規模の拡張が地産力を強化せしめて居る関係が良く現われて居る。そして此の事実を単なる相関関係としてとらえる事なく、「生産力の増進は生産規模の増大資本の活用に依存する」と云う一般的な因果法則として理解したものが、所謂「進歩の法則」と呼ばれるものである。

尚此の点の分析に就て土地の生産性を指標として更に一表を付加えようと思う。但し此処に云う土地の生産性とは次の様な計算手続に従うものである。今甲部落内のA農家が当該部落農地の一割を耕作し、而も同農家の農産物量も亦部落総量の一割を生産したとして、此の農家の土地生産性を一として之を標準とする。そしてB農家は八分の農地を以て一割の収量をあげ得たとすればB農家の土地生産性はA農家に比し卓越して居る訳であるが、其の度合を次式の如くに計測する。

土地の生産性＝（収量の構成比率）／（耕地の構成比率）

此の場合B農家の土地の生産性は1.0/0.8＝1.25として示される。反対に若しC農家にして土地が部落全体の一割を占めるに拘らず、収量は僅か八分に過ぎないとすればC農家の土地生産性は0.8/1.0＝0.80と示され勿論生産性は低い。此の様な比較に於て土地の標準生産性一を示す農家を我々は土地に関して標準的な或いは代表的な生産性を示す農家と呼ぶ。勿論それが実在して居ても或いは非実在的であっても差支えない。此の点我々の想定はマーシャル教授の所謂Representative farmの概念にも比せられるべきものであろう。

註　同様の比較は労働及資本財の生産性に就ても行う事が出来る。

第2表　経営規模別に見た水田農業の生産性
（福岡県安徳村仲部落）

経営規模	土地の生産性	労働の生産性	経営の生産性
5　反	0.56	0.92	0.32
1　町	0.92	0.96	0.74
1町5反	1.02	1.00	1.45
2　町	1.31	1.03	1.85
2町5反	1.16	0.99	2.10

今此の方法に基いて我々の行った福岡県安徳村仲部落四十一戸農家調査（昭和十八年度）の結果を示すならば第2表の如くである。

同表により我々は所謂土地の生産性と云うものが進歩の法則と合致して居る事を知るのである。もっとも後進農業地帯では必しも此の点合法則的ではなく、寧ろ逆行的な事例も見受けられるのであるが、一般に見て此の法則は我が国農業を貫通して居ると結論して良いのである。そこで次の事が問題となって来る。即ち「土地の生産力は何故生産規模の増大に依存するのであるか。」此の問題は経営規模の大小が経営体を通じて如何なる内容を附加するか、夫々の経営規模は土地生産力に対して如何なる環境を作るか、又作り得るものであるかと云う点に基いて説明せられねばならない。即ち経営規模の大小が直接土地生産力を規定する訳ではないのであって、経営規模の差異に基く経営技術の質及び投下資本の量の違い、即ち労働力の利用の合理性、病虫害防除、土地改良の程度、栽培作物の種類及同品種採用の区別、又は施肥量の大小に因って地産力の違いが解明せられて来るのである。例えば後二者の土地生産力に対する影響力に就て安藤廣太郎博士が推算せられた結果を第3表に示して見よう。

同表に拠って我々は肥料及品種改良が如何に土地生産力の増強に関係深きものであるかを知った訳であるが、経営規模の大小は栽培作物の導入に於て自給的多彩化乃至は商品生

第3表　肥料及び品種改良による反当収量の比較

年　　次	1反当肥料使用による増収量（A）	品種改良による増収量（B）	肥料と品種改良との増収量の比較（B/A）
	石	石	%
大正5年	0.148	0.027	18.2
6年	0.154	0.040	26.0
7年	0.160	0.047	29.4
8年	0.166	0.050	30.1
9年	0.172	0.051	29.7
10年	0.177	0.052	29.4
11年	0.183	0.050	27.3
平　　均	0.166	0.045	27.1

※錦織英夫「我が内地稲作の地域性」（農業経済学会編「日本農業の展望」所収）より引用。

第4表　経営規模別大麦の生産力と施肥量（岩手県綾織村調査例）

経営規模別	施肥量（反当）			反当収量	指　数
	厩　肥	堆　肥	金　肥		
	駄	駄	円	斗	
0－4.9 反	0.4	－	1.36	7.0	100
5－9.9 反	19.5	－	0.73	10.2	146
10.0―14.9 反	19.0	2.0	0.86	7.9	113
15.0―19.9 反	22.2	11.4	0.97	11.1	159
20.0―39.9 反	11.2	1.9	0.87	9.4	134
40.0 反以上	14.5	－	1.55	8.3	119

※近藤康男著「馬産地農業経営の規模に関する調査」より引用（次表も同じ）。

産的単一化の両方向に於て品種の採用事情を分化せしめると共に、[*]施肥量に就ても変化を与えて居る。例えば後者に就て近藤博士の調査に成る「馬産地農業経営の規模に関する調査」をとって第4及第5表に例示して見よう。

＊　此の点に就ては川田信一郎「農業技術の実態」（農業技術第二巻第三号）、拙著「農工関連と農業生産力」参照の事。

これによれば、作物の地産力は其の施肥量及肥料の内容と関係深く、特に経営規模の優越に基く役畜其の他大家畜の導入、従って其の厩肥生産量に因る所が少くないのである。此の点に於て地産力の増大は労働生産力の強化と密接に接触して居る。即ち一に役畜の導入事情に於て、二には堆厩肥は労働によって生産される理由から、第三には自給肥料の限界

第5表　経営規模別小麦の生産力と施肥量

経営規模別	施肥量（反当）			反当収量	指　数
	厩　肥	堆　肥	金　肥		
	駄	駄	円	斗	
0－4.9　反	2.0	22.2	0.79	5.2	100
5－9.9　反	8.1	0.7	0.62	6.9	133
10.0―14.9 反	17.6	0.2	1.18	8.3	159
15.0―19.9 反	21.1	10.6	0.92	6.5	125
20.0―39.9 反	11.2	2.0	0.61	8.3	159
40.0　反以上	12.4	―	2.50	6.7	129

は一に土地の余裕程度によって引かれる事、そして第四には施肥其の他による合理化は一定の大いさの資本を要求する事等々。従って近藤博士も其の著「日本農業経済論」に於て指摘せられた様に、「土地そのものが之を細分することによって毫もその生産力を減ぜず、土地に従たる肥料も土地と共にいくらでも細分されるものであるから、肥料は農業経営の規模に対して何等の制限を加え得ない。大経営でなくては絶対に使用できない肥料というものはない」のであり、又自給肥料の生産に就ても過小農と雖も「苛烈なる筋肉労働、婦人幼年労働の酷使」を以て応じ得るものであるけれども、「肥料は……之が労働対象として、その素材としての作用を生産過程に於て発揮するのは、他の諸々の要素との統合に於て一個の労働組織を形成することによって始めて可能である。換言すれば肥料の農業生産に対する効果も、生産規模労働組織と分離しては考えられないのである。」土地生産力の真実の増強方式は労働生産力との関連に於て正しく学びとられねばならぬのである。

註　佐賀県佐賀郡兵庫村西淵に於て行った調査（昭和十八年）の結果によれば、自宅から耕地までの距離の大いさも亦土地生産力に重大なる影響（平均して距離が一町近くなれば約三斗の増収となる）を与えると云う。その原因は作業を適時に終了せしめず堆肥の施用も困難にするからである。従って耕地交換を行った結果は反収を増大せしめ、併せて反当所要労働力を十五％軽減せしめて居る。尚澁川利雄「農業労働能率の増進に就て」（三重県経済部編）参照。

又土地生産力の拡大は土地改良、灌排水設備（耕地整理）に依る所至って大きく、例えば農林省が嘗て二十五の耕地整理組合に就て調査した結果によれば土地生産力は平均玄米三斗九升の増収であったと云われ、（「耕地整理事業に関する経済調査」第一輯）他の水田三千箇所に就ての調査でも反当平均四斗一升の増加であった。鵜崎多一氏も其の著「農業土木行政」の中で耕地整理施行前後の収量の差から一般農事改良による増収の平均的数量を差引き、耕地改良による純増収量を反当二斗四升とし、これに開田による米穀増収を加え、明治三十三年より昭和十年に至る間の反当生産額の一般的増収分のうち耕地整理に因る増加分はその二十二％と推算されて居る。而も土地生産力の拡大に加えて土地生産力はより安定的となるのであるが此の点に就ても施肥及品種改良に就て結んだ我々の結論は全く妥当して居るのである。[*] 故ゴルツ博士も其の著「農政学」（高岡熊雄訳）の中で、土地生産力を合理化する為には、之に相当する固定資本の存在を必要とする事、固定資本の額は一に農用地の面積により、二には土地の使用方法に依る事、流通資本の額は固定資本の額に依て定めらるべき事を強調されて居るが、土地生産力と進歩の法則との関係は此の様な訳で労働生産力及資本財の生産力と相映視し影々相渉入する事情を物語って居るのである。

＊　近藤康男著「日本農業経済論」参照

第6表　経営規模別、発動機脱穀機及役畜所有戸数調（福岡県安徳村仲部落）

		戸数（A）	発動機脱穀機所有戸数※(B)	役畜所有戸数(C)	(B/A)	(C/A)
5反迄	実数	16戸	1戸	3戸	−	−
	比率	−	14.2%	12.5%	6.2%	18.7%
1町迄	実数	7戸	−	3戸	−	−
	比率	−	−	12.5%	−	42.8%
1町5反迄	実数	8戸	1戸	8戸	−	−
	比率	−	14.2%	33.3%	12.5%	100.0%
2町迄	実数	8戸	3戸	8戸	−	−
	比率	−	42.8%	33.3%	37.5%	100.0%
2町5反迄	実数	2戸	2戸	2戸	−	−
	比率	−	28.5%	8.3%	100.0%	100.0%
合計	実数	41戸	7戸	24戸	−	−
	比率	—	100.0%	100.0%	−	−

※籾摺主営農家である。

土地生産力と経営規模との関係に就ては第一部で詳説した。此処では安徳村を例として表示して見よう。第6表（第2表併覧）を参照していただきたい。

然し乍ら既掲諸表によって明かな様に所謂進歩の法則は無制限に自己を貫徹し得るものでなく、其の限界を有して居る。ここに於て「適正規模」（Die optimalen Betriebsgrässen in der Landwirtschaft the most satisfactory and optimum size of farms）が問題となる。勿論生産関係の変化、或いは技術水準の向上其の他によって此の限界は移動する。以上が土地生産力と進歩の法則との間に横わる主要問題の概説である。

「進歩の法則」は此の様にStandesmässigなものの間に於ける生産力の認識に基くものであったのであるが、之に対してこれから述べようとする「所有の法則」はKlassenmässigなものの間の生産力差異に就ての因果関係を注目した法則である。此の法則は更に「本来の所有の法則」と「農業階梯の法則」に二大別せられる。先づ前者から述べるならば、此の法則は「農業生産力の増進は土地所有に基く農家の階層的地位に依存する」と云う命題の上に立って居る。我が国の農業統計は土地所有の率に応じて農家を小作農、小作兼自作農、自作兼小作農、自作農（並に地主兼自作農）と分けて居るのであるから、此の法則は「生産力は小作農、小自作農、自小作農、自作農と階層の上昇につれて高まる」とも云えるし、もっと簡単に「小作農は自作農よりも生産力が低い」と云っても良い。此の法則の貫徹程度に就ては後に実証しようと思うのであるが、一般に此の自作農優越法則は既定の事実と認められて居る。例えば近藤博士は著作「転換期の農業問題」の中で「自作農創定事業は自作農と小作農とに於ける生産性の差によって肯定化される。幾多の経済調査の結果は、自作農の方が収穫の大であることを証明して居る。事実吾々は農村に入る時は、自作農と小作農の隣接した稲田を比較し、又は彼等が飼育して居る所の牛や馬を相互に比較して、両者の生産力の差を直接目で見る事が出来る。それは事実である」と説かれて居る。自作主義ユートピア論の生れる所以も此処にある。

註　学問の開祖アリストテレスも其の著「経済学」の中で次の様に述べて居る。「ペルシヤ人やリビヤ人の云うところは過っていないであろう。馬を肥育させるに最も良いものは何であったかと聞かれた時に前者はそれは持主の眸であると答えた。また最も良い肥料は何であったかと聞かれた時に後者は、所有者の足踏みと答えた」と。

然し乍ら「問題はかかる事実を何に帰するかにある」のである。此の点に就ては農民心理的な説明及社会経済的解説が為されて居る。即ち前者に就ては自己の土地に対する利己心と愛情に基く「所有の魔術」が神秘的に語られて居り、一般に「アーサー・ヤングの鉄則」と称せられるものが引用されて居る。* 之に対して後者の説明は自作及び小作農の可能な生産性の高さは社会的に与えられて居ると云う。即ち土地に対する支配力、耕作継続に対する安定度、小作料の農業収入に対する割合並に之に基く労資投下の程度が生産性差異の真因である。農業生産にとって基本的な生産手段である土地を中心として現出せられて居る生産関係こそ所有の法則の客観的な説明者であると云うのである。**

* 大槻正男博士も其の著「農業労働論」の中で此の様な心理的解説をされて居る。
** 此の見解は例えば近藤康男博士の諸著に於て強調されて居る。

そして此の二様の説明方法は決して別箇のものではなく、相互に相作用するものであり、又主観及び客観の両方向からの説明方法の違いと呼び得ると思われるかも知れないが、両者は生産力増強上根本的な見解の差異を内包して居る。何故ならば前者の見解は小作農の低生産性の克服を自作農万能薬によって、即ち所有の法則の道筋に置くのに対して、後者の見解は現状の説明に就ては一応所有の法則の貫徹を認めはするが、農業生産力増強の方向を自作農創定の道筋にではなく、小作関係の合理化に置くからである。我々は此の点後者の立場を取りたいと思う。

註　農学の鼻祖と称せられるアルブレヒト・テーヤは嘗て次の如く述べた事があった。
「農場の改良は自作人の喜びをなし、金櫃の充満は小作人の喜びをなす。農場は自作人の恋女房であり、小作人の情婦である。小作人は再び之と別れなければならない。然し後者の関係も恒久化し安定化すれば恋女房的なものになる」と。

以上の説明の様に「本来の所有法則」或いは「所有の第一法則」と称するものには二種の理解があり得た訳であるけれども、そのいづれたるを問わず農業生産力に於ける自作農優越の現実は之を否定しない。之に対して当該法則の妥当性に疑問を呈し、問題を社会階梯（Social ladder）との関連に於て把握する別箇の立場がある。*

* 例えば田中定教授の著「佐賀農業の研究」（東亜農業研究所編）等を見よ。

そして此の見解に従えば、「農業に於ける生産力は所有階層別に見た階梯に依存する」と云う命題が成立する。生産力の増進は土地所有率に比例するものではないけれども、此の率に沿って理解せられた農業階梯との間に明らかな依存関係が存在すると云うのである。即ち生産力は小作より小自作、自小作と進むにつれて、高められる。何故ならば此等の階梯の間農業者達は専門的な農業経営の道程に於て自己の地位を向上せしめようと云う意欲が旺盛であり、農業者としてまっしぐらに進む路線、即ち農業線上の人々で、農業生産力は其の道筋の長さ、階梯上昇の程度に従って伸び抜いて行くからである。ところが此の傾向は自小作農或いは自作農の初期の段階を最高頂として止み、爾後の階梯即ち自作農の後期或いは貸付地所有自作農の階梯に及んで農民達は性格上離農線上の人となるのである。即ち彼等は農業階梯上昇の余地或いは魅惑を認めず寧ろ非労作的な高級生活を願うのであるが、（半封建的土地関係の下では経営を伸ばすより地主になった方が有利である。）此の傾向に従って農業生産力も漸減するのである。従って此の法則は「農業線上に於ては所有の第一法則に合致するけれども、離農線上に於ては逆行する」

と云う理解に立って居る。そして所有の第一法則が自作対小作の比較に分析が集中せられたのに対して、此の法則は自小作農を媒介として自作農或いは小作農を論議し、之を所有の第一法則と分けて「階梯の法則」又は「所有の第二法則」と呼ぶ点が真新しいのである。

其処で問題はこうなる。所有の第二法則は我が国農業に於てどの程度貫徹せられて居るか、又此の法則は第一法則と別箇のものであるのか、或いは何れかの部分であるのかと。此の点に就ては次の如く答えられて良いと思う。即ち両法則は一応別箇のものではなく、見透しの広さ、説明方法に就ての差異により分たれたものと云え得るかも知れないが、其の存在上前者が固定的な社会関係を前提とする法則であるのに対して、後者は多少流動的な社会関係を前提とする点に於て区別せらるべきものなのである。従って地方を異にし、時代を異にするにつれ、或る場合は所有の第一法則によって、ある場合は所有の第二法則によって、そして又他の場合には農業の生産力が全く或いは殆んど所有法則と関係なく、唯進歩の法則によって説明せられるのである。又現段階の我が農村社会は此の点半流動的な性格（半封建的段階に依存する）を有するのであるから所有の両法則が相互に規定し合う場合が多く、そして両者の重複写像が見受けられるのである。

註　所有の第二法則は次の様な動的条件を有する社会に於て実現せられる。

(1)　各階梯が連続的形態に於て存在するか、又は各階梯内部の諸形態がこの連続を可能ならしむるが如き余地、従って小作農の存在は重要なる一前提でなければならない。

(2)　各階梯に於て次の上位階梯に昇るため必要な条件、従って小作条件の適正も亦重要なる前提である。

第７表　標準施肥量と農家各層の実際施肥量との比較

肥料の種類	指示せられた標準施肥量	実際の施肥量		
		小作農	自作農	地主経営
堆肥	300 貫	255	293	230
草木灰	30 貫	—	—	—
硫酸加里	5 貫	4.6	6.4	8.9
菜種油粕	3 俵	3.9	4.5	4.4
大豆粕	0.66 玉	0.1	0.3	0.0
棉実粕	1 俵	0.0	0.3	1.1
過燐酸石灰	0.66 俵	0.4	0.78	1.90
配合肥料	—	0.01	0.42	—

(3)　農業当事者が階梯の存在を意識し、上昇意志を有し、上昇の機会と手段を発見する能力を有する事。

若し(1)(2)の条件中小作農に関する条件が満足せられ而も農民が(3)に掲げた様な意志を有しない場合は、勿論近代的小作農業の形で農業生産力は向上し、其の間の説明が所謂進歩の法則のみに依存する事となるであろう。又此に走るか彼に向うかは其の他の社会的条件によって規定せられる。農民の地位向上が必らず土地所有率に依らなければならない訳もなく、別箇の制度の社会関係も亦想定し得るであろう。

それならば所有の第一及第二法則はどの程度我が農業に於て貫徹せられて居るか、以下実例に基き分析を進める。

所有の第一法則貫徹の事実は在来一般に認められた所である。例えば帝国農会の経営調査の結果によれば、自作農の土地生産力は小作農に優越する事玄米反収一斗二升八合（大正十三、四年）同じく農林省農務局「農家経済調査」では一斗八升余りの差であった。此の様な差の因って来る源は既述した様に農民の心理或いは社会関係であり、農民諸階層はその生産諸条件の差異に基いて土地改良、病虫害の防除、品種の選択、栽培法、或いは施肥の方式を多彩化して居る訳なのである。先づ施肥の方式に就て見る。第７表は昭和九年栃木県芳賀郡中川村の煙草耕作者の施肥状態を専売当局指

第８表　所有階層別農業生産力の比較（福岡県安徳村仲部落）

階層別	戸数	反当玄米収量		専農員１人当り玄米収量		経営当玄米収量	
		実数	指数	実数	指数	実数	指数
	戸	俵		俵		俵	
小　作	8	5.76	100.0	24.33	100.0	33.46	100.0
小自作	3	5.37	93.2	29.05	119.3	48.41	144.6
自小作	8	6.05	105.0	31.23	128.3	74.18	221.6
自　作	17	5.96	103.4	25.17	103.4	56.28	168.2
地自作	5	6.02	104.5	36.96	151.9	51.85	154.9

示の達摩葉煙草施肥標準と比較したものである。*

＊　近藤康男著「煙草専買制度と農民経済」参照。

同表によれば小作農、自作農及地主経営間の施肥方式は一定の法則に基いて居る事が判明する。即ち「自作農は小作農よりも肥料を多く用い、地主経営は自作農よりも品質よき肥料を用いるものである。」同様の関係は土地改良に、輪作法の採用に、品種の選択に等々に就ても指摘せられるであろう。然し乍ら社会関係の改善特に小作農耕作権の安定化、経済的窮逼諸条件の改革、或いは又農業生産技術の発達等を含めた動的な或いは又半流動的な農村社会に於て所有の第一法則は尚不変を誇りうるものかどうか。此の点に就て太平洋戦争の激変期農工接触地帯で行った我々の調査結果を見よう。第８表は福岡県安徳村仲部落四十一戸を対象とした所有階層別生産力の比較表である。*

＊　尚拙著「農工関連と農業生産力」を参照の事。

先づ自作農と小作農とに就て比較するならば、前者は反収五・九六俵、後者は五・七六俵であるから自作農は〇・二俵の優越である。又地主兼自作農の収量（六・〇二俵）は自作農に卓越して居る。此の点所有の第一法則の支配が認められる訳である。然し乍ら此処に注目せねばならないのは自小作農の健在である。即ち此の階層は玄米反収六・〇五俵と全農家中一位を占めて居るのであり、同農家層を媒介として自作及小作の両層を比較する場合「所有の第二法則＝階梯の法則」は明らかに看取せられる所である。此の点第8表は大体に於て所有の第一法則及同第二法則の相互規定に基く結果と見て良く、当該調査村の半流動的な性格を物語って居る。

それならば所謂自小作農最優越の根拠は何処にあるだろうか。それが所有の第一法則に因って説明し得るものでない事は既に明らかである。其の真実の基礎は「進歩の法則」中にある。農業者の主体的な構えの差が「進歩の法則」に基いて現象せられて居るのである。今所有階層別に見た農家一戸当経営面積を示すならば第9表の如くである。

第9表　所有階層別農家1戸当経営面積（福岡県安徳村仲部落）

階層別	平均経営面積
	反
地自作	8.5
自　作	10.1
自小作	12.6
小自作	10.2
小　作	4.0

又固定資本の充実度は第10表の如くであった。

それで次の四つの理解が生ずる。

(1)　所謂所有の第二法則とは進歩の法則の一現象形態に外ならない。

(2)　土地所有に基く生産関係も亦進歩の法則を辿って合理化せられる。

(3)　現在の社会的諸条件の下にあって小作農業者は所謂階梯の法則に従って自家の経営を向上せしめる。そして其の程度の可能性は確かに与えられて居る。

第10表　所有階層別発動機脱穀機及役畜所有戸数調（福岡県安徳村仲部落）

		戸数（A）	発動機脱穀機所有戸数（B）	役畜所有戸数（C）	(B/A)	(C/A)
小　作	実数	8戸	0戸	4戸	−	−
	比率	−	−	16.6%	−	50.0%
小自作	実数	3戸	1戸	1戸	−	−
	比率	−	14.2%	4.1%	33.3%	33.3%
自小作	実数	8戸	4戸	6戸	−	−
	比率	−	57.1%	25.0%	50.0%	75.0%
自　作	実数	17戸	1戸	9戸	−	−
	比率	−	14.2%	37.5%	5.8%	52.9%
地自作	実数	5戸	1戸	4戸	−	−
	比率	−	14.2%	16.6%	20.0%	80.0%
合　計	実数	41戸	7戸	24戸	−	−
	比率	−	100.0%	100.0%	−	−

(4)　農村及農業に於ける諸制度がもつと合理化せられ、動的条件がより以上与えられた場合、本来の所有法則否階梯法則すら廃物と化するであろう。小作農が自作農程度の肥料を用い、自作農程度の生産設備を有し、自作農同様の生産力を発揮する時が来るのである。

註　東畑精一教授「農地制度改革の基準」（法律新報第七二七号）によると、自作小作間の生産力の差は一にかかって進歩の法則に原因すると云われる。即ち日本の小作農はその文字の示すように小農なのである。小さき自作農に較べて更に小さい規模の農業者なのであり、その耕地もより分散的である。「その限りで合理的経営のチャンスを持たざること一層甚だしいのである。この限りで自作農か小作農かと質問するのは焦点を逸したもので、寧ろ中小経営か零細経営かと問わるべきなのである。両者の比較は両者の経営条件が同一地盤に立ったとき始めて云為され得るのである。われわれは今迄余りに所有非所有なる法律的側面に捉われ過ぎて経営的差違を問うことを閑却した」と。

尚耕地の分散性に就て我々の行った調査（福岡県安徳村）の結果を仲及東隈両部落自作農家（二十戸）小作農家（十四戸）に就て示すならば第11表の如くである。

これによると博士の推定は肯定せられて良い。

第 11 表　農業経営階層別経営水田枚数の比較

所有階層別＼経営規模別	5 反迄	1 町迄	1 町 5 反迄	2 町迄	2 町 5 反迄
	枚	枚	枚	枚	枚
自　作	3.1	6.4	10.2	17.7	21.0
小　作	3.3	8.0	12.5	−	−

第 12 表　1 町乃至 1 町 5 反経営農家の所有階層別農業生産力の比較
（福岡県安徳村仲及東隈両部落の平均）

階層別	戸数	反当玄米収量		専農員 1 人当玄米収量		経営当玄米収量	
		実数	指数	実数	指数	実数	指数
	戸	俵		俵		俵	
小　作	2	5.67	100.0	32.66	100.0	65.32	100.0
小自作	1	5.63	99.2	17.50	53.5	52.50	80.3
自小作	3	5.56	98.0	27.16	83.1	72.43	110.8
自　作	4	6.26	110.4	23.76	72.7	77.22	118.2
地自作	2	6.25	110.2	41.90	128.2	83.80	128.2

以上の説明によって我々は所謂自小作農業優越の根拠を「進歩の法則」に求めたのであるが「それで説明は果して十分であるか。それが一つの原因たり得たとしても尚所有の法則の力が参加して居るのではないか。」此の問題を明らかにする為進歩の法則を捨象し所有の法則のみを生産力に映ぜしむる如く当該農村の経営規模一町乃至一町五反層に就て所有階層別に生産力を比較して見よう。但し前掲した同村仲部落のみでは所有階層の全てを含んで居ないので、其の隣接部落東隈の数字と合して第12表に示す事とする。

調査戸数僅少の為十分ではないが大体に於て、(1)「所有の第一法則は其の残影を認め得る事」(2)「併し乍ら自小作農の優越は必しも之を根拠とせず寧ろ進歩の法則によって説明するのが妥当である」事を認めて良いと思う。

此の点に就てはなお第13表も参照していただきたい。

そして前者の断定は亦自作田及小作田の反収を比較した第14表によっても明らかである。

同表によれば、仲東隈両部落を平均せる場合及び仲部落に於て

第 13 表　1 町乃至 1 町 5 反経営農家の所有階層別発動機、脱穀機及役畜所有戸数調（福岡県安徳村仲及東隈両部落）

		戸数（A）	発動機脱穀機所有戸数（B）	役畜所有戸数（C）	(B/A)	(C/A)
小　作	実数	2 戸	0 戸	2 戸	−	−
	比率	−	−	16.6%	−	100.0%
小自作	実数	1 戸	1 戸	1 戸	−	−
	比率	−	25.0%	8.3%	100.0%	100.0%
自小作	実数	3 戸	1 戸	3 戸	−	−
	比率	−	25.0%	25.0%	33.3%	100.0%
自　作	実数	4 戸	1 戸	4 戸	−	−
	比率	−	25.0%	33.3%	25.0%	100.0%
地自作	実数	2 戸	1 戸	2 戸	−	−
	比率	−	25.0%	16.6%	50.0%	100.0%
合　計	実数	12 戸	4 戸	12 戸	−	−
	比率	−	100.0%	100.0%	−	−

第 14 表　自作地小作地別に見た玄米反当収量の比較（福岡県安徳村）

	東隈部落	仲部落	両部落平均
自作田面積	88.5 反	267.6 反	−
小作田面積	68.2 反	107.2 反	−
自作田平均反収	5.72 俵	6.05 俵	5.97 俵
小作田平均反収	6.06 俵	5.60 俵	5.77 俵
全田平均反収	5.87 俵	5.92 俵	5.91 俵

は自作地の反収は小作地のそれに優って居る。此の点に対して人は「所有の魔術」或いは「利己心の発動」を以て説明するであろう。然し東隈部落の場合に就て「所有の魔術的」な説明はもはや無力である。即ち当該部落に於て小作地の反収は自作地のそれに優って居る。其の因って来る所は実は次の様な事情によるのである。此の部落の小作地は明治以前当該部落民の所有して居たものであったのであるが、或る事情の為に一括して抵当に供せられて現在不在地主某氏の所有地となって居る。然し明治以来土地占有の事情は何等変る所なく耕作権は比較的安定して居るのである。此等の土地は彼等の所有地ではないが尚「彼等の土地」なのである。其処では所有の魔術を破る「新たな芽」が出て居る。我々は先に自小作農業者が所謂所有の法則に依ってではなくより以上進歩の法則に拠って伸びつつある事を知ったので

第 15 表　農区別自作小作別同一経営規模の土地生産力の優劣
（昭和 14 年度帝国農会「米生産費に関する調査」）

		5反未満	5反－1町	1町－2町	2町－3町	3町－5町	5町以上	農家戸数
北海道	自	—	—	×	○	○	○	11戸
	小	—	—	○	×	×	×	16戸
東北	自	—	○	×	○	×	—	87戸
	小	—	×	○	×	○	—	58戸
関東	自	○	×	○	○	○	—	56戸
	小	×	○	×	×	×	—	52戸
北陸	自	—	×	○	×	×	—	58戸
	小	—	○	×	○	○	—	63戸
東山	自	○	×	×	—	—	—	27戸
	小	×	○	○	—	—	—	25戸
東海	自	—	○	○	—	—	—	38戸
	小	—	×	×	—	—	—	24戸
近畿	自	—	○	△	△	—	—	46戸
	小	—	×	△	△	—	—	49戸
中国	自	—	×	○	○	—	—	35戸
	小	—	○	×	×	—	—	26戸
四国	自	○	○	×	○	—	—	26戸
	小	×	×	○	×	—	—	17戸
九州	自	○	×	×	—	—	—	44戸
	小	×	○	○	—	—	—	53戸
沖縄	自	○	—	—	—	—	—	2戸
	小	×	—	—	—	—	—	1戸

※○は優、×は劣、△は優劣無き場合を示す。

あったが、此の良く伸びた茎はやがて此の芽によって説明せられるに至るであろう。

同様の問題を全国に就て検討するのは極めて興味深い事柄であるが、我が国に於て此の種の調査、統計は何等整備せられて居ない。それで不十分なものであるが、帝国農会昭和十四年度「米生産費に関する調査」に拠り、自作及び小作が同一米作規模の場合いづれが其の生産力に就て優越して居るかを第15表に示して見る。

これによれば、(1)北海道、関東、東海、中国及沖縄に属する農家は其の経営規模の如何なるかを問わず一般に所有の法則に従い、(2)東北区は経営規模の如何により或いは自作が優越し又は小作が卓越して居て其の間の正規の秩序が見出し得ず、(3)四国は他の経営規模層に於て所有法則的順位を保っては居るが経営規模一町乃至二町層に於てのみ小作農が優

第 16 表　我が国に於ける農区別土地生産力の比較

農区別	玄米反当収量（石）（昭和 8 年—14 年平均）	指数（近畿水準）
北海道	1.494	64.3
東　北	1.915	82.4
関　東	2.009	86.4
北　陸	2.196	94.5
東　山	2.284	98.3
東　海	2.128	91.6
近　畿	2.324	100.0
中　国	2.000	86.1
四　国	1.999	86.0
九　州	2.136	91.9
沖　縄	1.313	56.4
全　国	2.048	—

れ、⑷逆に北陸区は他の規模に於て小作の優位が認められるが一町乃至二町規模層に於てのみ自作農の生産力が稍高く、*⑸東山、及九州区は零細規模層を除いて小作農の優位が認められ、⑹近畿は零細規模層に於て自作農優れ、専業層に於ては土地生産力同位と認められる。もっとも調査農家戸数少く又各地方の特殊事情もあろうが大体に於て農業の先進地帯では所有の法則を打破する傾向が現われつつあり、近畿、東山、九州及北陸の諸地方が性格上一団を成して居ると見て良い。此の点を明らかにする為我が国に於ける稲作農業の地域的地産力の偏差を表示して見るならば第16表の如くである。同表の数字は農林統計に基くものである。**

＊　其の差一・二三斗である。
＊＊　小池基之著「水田」より転載。

これによれば土地生産力と所有法則貫徹の程度との間に法則性が認められるかに思われる。即ち土地生産力高き地方に於ては所有の法則は既に打破せられ又は打破されつつあり、土地生産力低き地方に於ては依然として此の法則が支配的である。此の間の事情を第17表で明示して見よう。

第 17 表　反収に対する所有法則の支配程度と土地生産力との関係

群	区分	農区	農区別に見た土地生産力の順位
第 1 群	(1)所有法則支配の明らかなる農区	沖　縄	第 11 位
		北海道	第 10 位
		中　国	第 7 位
		関　東	第 6 位
		東　海	第 5 位
	(2)所有法則の支配が大体に於て認められる農区	四　国	第 8 位
	(3)法則性の見出し得ない農区	東　北	第 9 位
第 2 群	(4)所有法則打破の認められる農区	東　山	第 2 位
		九　州	第 4 位
	(5)所有法則打破の傾向が大体認められる農区	近　畿	第 1 位
		北　陸	第 3 位

※土地生産力の順位は第 1 部第 12 表の数字に従った。

然し次のような説明に就ては若干注意を要する。「所有法則の克服は土地生産力の増強に因ってなされる」のではない。それは労働生産力の実質的向上と云う道を踏んで初めて出来上って行くのである。既に第一部で詳説したように土地生産力の高い地帯は労働生産力も高い。東山、九州、近畿、北陸と云った諸農区は労働生産力も土地生産力も全国中最高水準の地域である。

又此のような地域にあっては労働生産力に関しても所有法則は無力のようである。此の点に就ては第18表を参照していただきたい。

これによれば労働収量は、(1)四国、沖縄の場合は正しく所有法則に従い、(2)関東及中国は零細規模のみを例外として此の法則の支配が認められ、(3)北海道、東北は中庸経営規模に於て所有法則が認められるに反しそれ以上の経営規模に於ては寧ろ小作が優越して居る*のに対して、(4)東山及北陸地方は零細規模の場合を除いて自作が劣って居り、(5)東海、近畿及九州は経営規模の区別を問う事なく反所有法則的である。そこで労働収量に対する所有法則

第 18 表　農区別自作小作別同一経営規模の労働生産力の優劣
（昭和 14 年度帝国農会「米生産費に関する調査」）

		5反未満	5反－1町	1町－2町	2町－3町	3町－5町	5町以上	農家戸数
北海道	自	—	—	×	×	○	×	11戸
	小	—	—	○	○	×	○	16戸
東北	自	—	△	×	○	×	—	87戸
	小	—	△	○	×	○	—	58戸
関東	自	○	×	○	○	○	—	56戸
	小	×	○	×	×	×	—	52戸
北陸	自	—	○	○	×	×	—	58戸
	小	—	×	×	○	○	—	63戸
東山	自	○	○	×	—	—	—	27戸
	小	×	×	○	—	—	—	25戸
東海	自	—	×	×	—	—	—	38戸
	小	—	○	○	—	—	—	24戸
近畿	自	—	×	×	×	—	—	46戸
	小	—	○	○	○	—	—	49戸
中国	自	—	×	○	○	—	—	35戸
	小	—	○	×	×	—	—	26戸
四国	自	○	○	○	○	—	—	26戸
	小	×	×	×	×	—	—	17戸
九州	自	×	×	×	×	—	—	44戸
	小	○	○	○	○	—	—	53戸
沖縄	自	○	—	—	—	—	—	2戸
	小	×	—	—	—	—	—	1戸

※○は優、×は劣、△は優劣無き場合を示す。

支配程度と土地生産力及労働生産力との関係を表示して見るならば第19表の如くである。

＊　此の自作経営規模層に於ては地主手作的な疎放経営が行われるなどの特殊性に依るのであろう。

封建的な高額物納小作料をもって体現されている封建的な生産関係を、近代的な生産関係に闘いとった地域に於ては「所有原則」ではなく「進歩の法則」が物を言う。＊そして生産力は仲良く併進して行く。例えば先進地区岡山県の事例を表示して見よう。（吉岡金市「農業技術の変革」理論第一号による）第20表を見ていただきたい。

＊　拙稿「農業建設の道」（農政評論第一巻第七号）参照。

註　尚我が国に於ける農区別生産力の差違と所有

第 19 表　労働収量に対する所有法則の支配程度と土地生産力及労働生産力との関係

群	農区	農区別に見た土地生産力の順位	農区別に見た労働生産力の順位
第 1 群	(1)所有法則支配の明らかな農区		
	沖　縄	第 11 位	第 11 位
	四　国	第 8 位	第 8 位
	(2)所有法則の支配が大体に於て認められる農区		
	北海道	第 10 位	第 1 位
	東　北	第 9 位	第 10 位
	中　国	第 7 位	第 9 位
	関　東	第 6 位	第 7 位
第 2 群	(3)所有法則打破の認められる農区		
	近　畿	第 1 位	第 2 位
	九　州	第 4 位	第 5 位
	東　海	第 5 位	第 6 位
	(4)所有法則打破の傾向が大体認められる農区		
	東　山	第 2 位	第 3 位
	北　陸	第 3 位	第 4 位

※労働生産力及土地生産力の順位は第 1 部第 12 表の数字に従う。

第 20 表　岡山県に於ける生産力の併進過程

	反当所要労働量	反当収量	労働 1 日当生産高
	日	石	石
明治 21 年	25.00	1.640	0.066
明治 30 年	20.33	1.900	0.095
大正 9 年	23.10	2.400	0.104
昭和 11 年	10.13	3.080	0.304
昭和 21 年	6.80	4.000	0.588

※(1)明治 21 年　岡山県「農業調査」現況備前国のものをとる。
(2)明治 30 年　備前国高月村「村是調査書」による。
(3)大正 9 年　備前国興除村「産業基本調査」による。
(4)昭和 11 年　興除村に於ける記録調査による。
(5)昭和 21 年　備前国灘崎村における麦間直播実験農家の実績による。

階層及び経営規模との関係に就て栗原百寿氏も労作「日本農業に於ける中堅農家層の研究」に於て一応検討されて居るから紹介する。昭和十四年度帝国農会「米生産費に関する調査」其の他二、三の資料を分析した結果氏は次の様に結論された。

「自作農家に於ては、その反当収量は東日本に於ては正確に規模に逆比例し、これに反して西日本に於ては正確に規模に正比例して居る。小作に於ては東西とも斯る一義的傾向を示して居ない。……これによって東日本の自作農家は規模は相対的に大であるが所謂地主手作的経営として規模増大に伴って逆に疎放化するのに対して、西日本の自作農は寧ろ謂わば自営農的経営として規模増大に伴って反当収量も増大し集約度を高めて居ること、東北に於ても小作農は地主手作的傾向を示さずに規模と反当収量とは一応並行関係に近づきつつあることが理解される所である。」……「東北では自作は最小規模層が反当収量最大であり、自小作及小作に於てはより大規模層に於て反当収量が高く、大規模自作の地主手作的疎放性を示すに反して、近畿に於ては逆に小作に於て最小規模層が反当収量が最大で、自作及び自小作はより大規模層に於て反当収量は高く、自作農の前進的傾向を物語って居る」と。以上の判断の是非に就てはもっと広汎な且厳密な調査研究が必要である。吾人も亦他日を期したい。

以上の検討によって我々は土地生産力の増強に就て「進歩の法則」並びに「所有の法則」の両者中何れがより本質的なものであるかと云う問題に「一つの解答」を得た。即ち『土地生産力の発展は在来最も根強かった土地所有の束縛より離脱する道筋に於て成される』と。此の点耕作権の確立、小作料の合理化、或いは共同経営的農業適正規模促進上の政策、開墾又は植民に関する諸政策、更には国内工業の充実案等々が「一定の方向」に統一せられなければならない。

註

尚拙著「農業再建の課題と展望」（千葉県農業会農政資料第五輯）及「農業近代化の道」（若い農業第二巻第三号）も参照せられたい。

第三部　農業生産力の総合判断

『必ずまさに絶頂を極むべし。一覧すれば周山小ならん。』

（蘇　東　坡）

第１表　個別３生産力の組合せと総合判断の可否

	甲の生産力の高い場合			乙の生産力の高い場合			甲乙両者の生産力の等しい場合	生産力が甲乙何れが高いか決定しがたい場合		
	1	2	3	1	2	3		1	2	3
３生産要素の内の１者の生産力	甲＞乙	甲＞乙	甲＞乙	甲＜乙	甲＜乙	甲＜乙	甲＝乙	甲＞乙	甲＞乙	甲＜乙
他の要素の生産力	甲＞乙	甲＞乙	甲＝乙	甲＜乙	甲＜乙	甲＝乙	甲＝乙	甲＜乙	甲＝乙	甲＞乙
残る１つの要素の生産力	甲＞乙	甲＝乙	甲＝乙	甲＜乙	甲＝乙	甲＝乙	甲＝乙	甲＜乙	甲＜乙	甲＞乙

支那事変以来農業の向上発展に関して次のような三説—八木博士の「土地生産力説」、東畑博士の「労働生産力説」、及び河田博士の「資本生産力説」—が主張せられ論争せられた。

本章は所謂生産三要素説に従って三元的に理解せられた個別的生産力の結果をどの様に一括して把握すべきかと云うかなり困難な問題に就て考察したい。今例えば甲経営と乙経営との間に、或いは又甲地方と乙地方との間に於て、土地生産力、労働生産力及び資本財の生産力が色々変化した大いさを持つと仮定する。此の場合に於て農業生産力の総合判断は第1表に示す様に直ちに可能な場合もあり、又そうでない場合もある。

これによれば個別生産力の間に所謂併進の法則が認められた場合には農業生産力の総合判断は極めて容易である事が解る。

例えば前表の甲の生産力が乙に比して高い第二の場合を例として証明して見よう。

今P_1, P_2を夫々比較しようとする甲乙両経営の生産量とし、B_1, A_1, K_1を甲の、又B_2, A_2, K_2を夫々乙経営の三要素の大いさとするならば、上の約束に従って、

$P_1/B_1>P_2/B_2$　$P_1/A_1>P_2/A_2$　$P_1/K_1=P_2/K_2$なる場合

$P_2=P_1^x$とおけば

$P_1/B_1>P_2/B_2=P_1^x/B_2 \quad \therefore \quad 1/B_1>x/B_2 \quad \therefore \quad B_1<B_2/x$……(1)

$P_1/A_1>P_2/A_1=P_1^x/A_2 \quad \therefore \quad 1/A_1>x/A_2 \quad \therefore \quad A_1<A_2/x$……(2)

$P_1/K_1=P_2/K_2=P_1^x/K_2 \quad \therefore \quad 1/K_1=x/K_2 \quad \therefore \quad K_1=K_2/x$……(3)

(1)+(2)+(3)

$B_1+A_1+K_1<(B_2+A_2+K_2)/x$

$1/(B_1+A_1+K_1) > x/(B_2+A_2+K_2)$

$\therefore P_1/(B_1+A_1+K_1) > P_1^x/(B_2+A_2+K_2) = P_2/(B_2+A_2+K_2)$

即ち総合的な農業生産力はP/(B+A+K)と云う極めて把握し難い形式及内容を有するものであるが、所謂併進法則の妥当する場合此の様な手続によって容易に判断する事が出来るのである。*そこで次の問題は此等諸元の生産力が所謂逆行の関係にあった場合、農業生産力の優劣は如何に判定すべきであるかと云う点に求められねばならない。此の問題に就ては此等生産力の指標を三元的に吟味する事が間違って居ると主張する三元否定説と、三元表示を肯定しながら別途に解決を考慮しようとする多元説との対立がある。

＊　尚大槻正男「農業経営に於ける合目的性の指標としての生産性収益性及び所得性」（農業経済研究第七巻）参照。

此の三元否定説は更に分れて二元表示説と一元表示説とになるのであるが、先づ二元説から説明する。農業の生産は所謂生産要素の協働によって成されるものであるが生産要素の理解に就ては異説があり、労働、土地及資本財の三者に更に国家、文化、企業或いは経営能力を加うべしと云う主張もあるのであるが、定説は土地、労働及び資本財の三元論に帰着して居る。然し乍ら此の三元的要素は更に二元に整理し得るものであると云う主張があって土地＝資本説をとる人々は労働及資本を生産の根本要素とし、或いは又資本をいわば「生産せられた生産手段」と解する立場から労働及土地の二元説が生れる。従って此の両種二元説が融合せられた場合に於ては当然労働一元説が叫ばれて良い。

註　一般に二元説論者の説明は生産要素を労働及生産手段とに二大別する。前者は生産の人格的積極的要素であり、後者は生産の物的消極的要素である。生産手段は更に生産せられざる生産手段としての土地と、生産せられた生産手段即ち過去の生産物である資本財とに分けられる。従って生産の根本的要素は労働及土地であり、資本財は派生的なものであると云う。此の主張は理論的に正しいけれども、資本財の地位と其の効率に就て独自の考察を取入れ、資本財に対して生産要素上其の相対的意義を認めるのが実際的であろう。
尚土地＝資本説に就ては異説が多く、我々も亦此の立場を肯定出来ない。

此の二元説に従うならば前掲第1表中生産力の判定困難なる三つの場合中二つに就て判断が可能となる訳である。即ち第2表の如くである。

第２表　個別両生産力の組合せと総合判断の可否

	甲の生産力の高い場合		乙の生産力の高い場合		甲乙両者の生産力の等しい場合	生産力が甲乙何れが高いか決定しがたい場合	
	1	2	1	2		1	2
２生産要素の内の１者の生産力	甲＞乙	甲＞乙	甲＜乙	甲＜乙	甲＝乙	甲＞乙	甲＜乙
残る１つの要素の生産力	甲＞乙	甲＝乙	甲＜乙	甲＝乙	甲＝乙	甲＜乙	甲＞乙

然し乍ら此の二元説は尚生産力の判定を決定し難い二つの場合を持つのであって解明上一元説を求めざるを得ぬと同時に、三元説に従う場合判定困難なる事例に就て解き得た場合に対しても果して正当に解決し得たものであるかどうかと云う点に就て疑問が残るのである。

註　然し乍らリカアドの説明によるまでもなく労働生産力と資本財の生産力とは一般に動向を同じくして居るのであるから、土地及労働と云う二元表示説の主張も一応肯定せられて良い。

之に対して一元説は所謂三種生産要素乃至生産力を基本的なものと派生的なものとに区別する立場に拠るものであるが、此の説は更に土地生産力を基本とする土地表示説、労働生産力を視点に置く労働表示説、及び資本を高評価する資本表示説の三者に分類せられる。

先づ資本表示説の主張から検討して見る。

此の立場は我が国では大阪商大派の人々即ち故河田嗣郎博士と其の祖述者達*によって主張せられて居るのであるが、其の論旨は大要次の如くである。此等の多元的に把握せられた夫々の基準は実は歴史的経過によって或いは破棄せられ或いは新らたに浮び上るものであり、此れを究極的に決定するものは社会的形式、特定の時期に於ける農業生産の様式でなければならない。即ち労働の生産力とは奴隷経済時代に必要だった生産力把握の標準であり、雇主が彼の奴隷達を如何に酷使しそれによって最大量の成果を搾取するかを計測する為に重要なものであった。しかし奴隷経済時代を経て所謂封建の世となると、封建的な地代乃至年貢を取りたてる為に土地生産力の把握が重要性を帯びるに至った。従って土地の生産力とは正しくは土地所有の生産力と名付くべきものであり、土地所有本位の社会的形式の下に於て当然支配的な意味を持つものであったのである。他方資本生産力は農業生産の近代化、資本主義的生産様式に添う近代的な概念であり、土地及労働の両種生産力概念を抹殺して登場し得るものであり、其の基準は投下資本対利潤として把握すべきであると云うのである。

＊　豊崎稔氏や硲正夫氏等が含まれる。但し硲氏は窮極的には労働生産力説に賛成されて居るようである。

此等の主張に対しては次の諸点が批判せられて良いであろう。

(1)　土地生産力乃至労働生産力と云う概念は近代的な概念である事。

(2)　論者達は所謂資本生産力を資本収益力と混同して理解して居る事。

此の二点に就ては既にリカアドの研究以来当然認められて良いものと思われる。労働生産力説は此の論者達の所謂単純なる赤手空拳的な労働の生産力を理解する為の意見ではない。土地生産力説も亦土地所有本位の社会に奉仕する為の論説であったばかりではなく近代的な農業生産力を把握する為に一半の任務を有するものなのである。資本主義的社会形式の下に於て資本の増減が経済的論議の中心に座する事に異論はなく、資本収益力の研究が極めて重要である事も云うまでもない。然し乍ら此処で論じようとする問題は生産力であって収益力ではない。

註　石坂橘樹著「農業経済論」によれば農業生産の三要素は時処を問う事なく相対的意義を有して居るけれども、此の相互間の地位（重要性）は国民経済の発達に由って著しく変更するものであると云う。例えば独逸の例をとると、一八六〇年に至る間は土地が生産要素中首位を占め、粗放的農業法が行われて居た。ところが爾後に於ては労力集約農法が行われるに至り、一八七〇年に於ては三要素の地位は労力、土地、資本の順であった。次いで資本の需要が漸進し遂に労力の上に位し三要素の地位が労力、資本、土地の順に変じたのは一八九〇年の状態であった。所が爾後に於ては工業が発達し農業労働者の欠乏と労賃の昂騰を見るに至って再三農業要素の地位を変改せしめて資本が最優位を保ち、次いで土地、最下位に労力が位するに至ったと云う。即ち十九世紀代に於ける独逸農業に於て農業三要素の地位変化は次の如くである。

年　次	農業三要素の地位
一八〇〇—一八六〇（第一時代）	土地、労働、資本
一八六〇—一八七〇（第二時代）	労働、土地、資本
一八七〇—一八九〇（第三時代）	労働、資本、土地
一八九〇—一八九七（第四時代）	資本、土地、労働

そしてかかる変遷は単に独逸のみならず、全ての国を通じて認められるものである。即ち第一時代には人口希薄、沃土多き事を条件として、第二時代は人口増加し沃土尚少からざる事を条件とし、第三時代は人口稠密となり労力を多く要し、従って資本漸く必要なる事により、第四時代は商工業発達し農業労力を圧迫する事を条件とする。尚

石坂氏によれば我が邦農業も亦第三時代より最後の時代への冒頭に立って居ると云う。同様の問題に就て大川一司氏も其の論文「稲の生産構造と生産性」（帝国農会報第三十三巻第七号）に於て現在の我が国農業生産構造の観点から、生産要素別に規模を問題とするときには「その重要性は一般には資本、土地、労働の順序であり、土地に対して相対的に云えば地域別にさほどの相違もないが、資本を重視すべき程度は中部、九州の西日本にやや大で、東北に至るに従って小となり、労働についても同じく西日本にやや強いが、東日本は逆となる」事を統計的に解明されて居る。

従し乍ら此の様な認め方には当然異論があり得る。即ち、第一時代の特色は多地少民的である事を特色とするのであるが此の場合農業生産要素の希少性に応じて労働及資本が重視せられなければならない。又第三時代の様に人口増加せる場合には前と同様の理由に依って土地の地位が相対的に高まる時でなければならないのである。言い換えるならば土地の生産力は第一時代よりも第三時代に於てより以上意義が高められるものであり、第四時代に於ても其の意義は低下するとは考えられないのである。此の点に就てブレンターノ教授は其の著「農政学原論」（東畑篠原共著）の中で独逸人口一人当の土地並びに農地面積に就て第3表の如く示して居る。

此の様な趨勢は人口増加に対し土地が不増加性を有する事を意味するのであり、「経済性の本則が要求する最も重要なる節約は経営集約度の増進と共に益々高価となる生産手段即ち土地を節約すること」*に向けられなければならないのであるが、それを可能ならしめるものとして労働及資本も亦前時代に比し著しく必要性を増すのである。即ち此等三要素は其の重要度に就ても併進するものである。

第3表　独逸国に於ける人口1人当土地面積及耕地面積の変遷

年次	人口1人当土地面積（ヘクタール）	人口1人当耕地面積（ヘクタール）
1816	2.18	—
1878	1.22	0.83
1883	—	0.77
1893	—	0.69
1900	—	0.62
1907	—	0.51
1913	0.82	0.48
1922	0.76	—

＊　農業関税に反対し世界経済を前提とする立場に立つブレンターノ教授に於て尚且此の言のある事を注意せられたい。

一方労働生産力説は農業生産を労働中心で把え資本生産力乃至土地生産力なるものを労働生産力の仮象、形式、現象として理解する。農業経済の発展を人間の創造的営為に求め、技術的設備乃至土地の如き諸種の生産手段を主体的行動的に統一する労働の意義こそ恒久的且基本的なものであると主張する。

註　労働一元説に就ては山田勝次郎著「米と繭の経済構造」、藤林敬三「フリーダ・ウンダーリッヒの労働生産力論」（国際経済研究第四巻第八号）硲正夫「戦時下の農業生産と農民生活」（河田嗣郎編「農業新機構研究」所載）手塚壽郎「マノイレスコの生産力概念と其想源」（商学討究第十四巻上冊）等参照。

此の主張は次の様な哲学と連結して居る。即ち人間の望みと云うものは人間本来の生命によって何処までも生きられる世界をつくると云う事にあるのであるが、此れを可能にする為には一人の人間が生活の為になすべき労働を能率化して、その上で自己完成の為に十分な時を準備しなくてはならない。つまり万人に対して果すべき義務労働を十二分に果した上で自分を教育して行き、自分に与えられた個性を生かしぬく事が必要なのである。ギリシヤ時代の奴隷の役を機械に頼み、労働生産力を向上せしめる事が可能となればすべての人の個性が美しく咲き出し、従って美しい世界が展開されるのである。（尚武者小路実篤「敗戦と自分の望む世界」（世界創刊号）参照。）

此の見解は云う迄もなく最も正しい。然し乍ら我々は既に前部の研究によって単なる労働生産力主義の方向は実は空疎なる結果を招く場合がある事、実質的な労働生産力の向上を期する為には土地生産力（通用語として理解せられて居る）の意義を確認し其の併伴を前提としなければならぬ事を知って居たのである。

註　労働一元説の立場から云えば、生産力とは元来労働に就て理解すべき概念なのである。従って労働生産力と云う表現は同義の言葉を重複したと云う意味に於ておかしな表現であると云って良い。此の様な労働一元説の立場は労働価値説を奉ずる社会主義者によっても強調せられて居る。例えばソ連邦の経済学者であるヴァルガは一九二〇年の論文に於て生産力、（生産性）生産費、従って経済計算の問題は労働を規準として一元的に判断すべきであると主張して居る。何故ならば、「尺度として用いうべきものは唯比較さるべき対象物に共通なものでなければならぬ」のであるが、マルクスも明瞭に説いて居る様に労働のみが適格指標と認め得るものである。此の事は農業の生産力と工業の生産力とを比較すると云う様な場合に於て特に強調せられて良い。唯此処で問題になるのは労働の生産力を把握する場合に於て直接労働は比較的簡単に計測する事が出来るけれども間接労働を含めて生産力を厳密に理解すると云う事が困難であると云う点、或いは又直接労働に就ても労働の質的差違を如何にして一元化するかと云う点は議論のある所であろう。此の点に就てヴァルガの説明を紹介して見よう。

彼の上掲論文は「貨幣なき経済に於ける生産費の計算」と云う題名のものであるが所謂財の生産費の表式は次の様なものである。

$$A = ZH/n$$

但し　Aは財の一単位の生産費たる労働時間
　Zは当該生産に従事する労働者数
　Hはその期間内に実際なされたる一人当の労働時間
　nは同期間内に生産される当該財の単位数

それであるから労働生産力の把握表式は上式の逆数として次の様に示す事が出来るのであり之を我々の問題に移

す事が出来る。

$P_A = n/ZH$

(1) 此の式によって労働生産力を把握するには次の様な手続が必要である。生産手段より単位生産物量に移転すべき労働量に就ては、機械の平均寿命から消耗係数を考慮し、之を当機械生産所要労働時間に乗じ、之を生産物所要直接労働時間に加算する。

(2) 直接労働或いは間接労働を計算する為には質的差違を量的差違に換算する事が大切である。例えばヴァルガは無質労働者は十六歳より四十八歳迄労働するものと仮定し、又無質労働者から有質労働者を養成するに四ヶ年、更に技師専門家を養成する為には八ヶ年の特別教育を要する場合には、有質労働者は無質労働者の労働時間よりも八分の一高く評価し、更に技術専門家に対しては四分の一高く評価すべきであると云って居る。従って労働の生産力表式は次の様に修正せられる。

$P_A = n/(Z_1H_1 + 1 \cdot 1/8Z_2H_2 + 1 \cdot 1/4Z_3H_3)$

(3) 男女の別等による労働能力の懸隔に就ては一定の基準例えば成年男子の労働能力に換算して計算すると良い。労働の程度(Arbeitsintensität)に従って例えば期間内一人当投下労働時間(H)を(H×I)即ち(HI)と修正する。

(4) 農業労働と工業労働とに就て秤量を行う事は頗る困難である。ヴァルガは此の点に就て次の様に述べて居る。「我々は安んじて農民の一労働時間をば工業無質労働者の一労働時間と同様に見て差支いない。何故ならば、工業労働者は病気、栄養の配慮、全年の休暇等の結果一年間に略々240×8＝1920時間労働するが、之に対し農民は労働季節の間は一日に十二乃至十四時間働くので年間労働日数一八〇日の間に殆んど同数の労働時間を働くからであると。

(5) 栄養状態による労働能力乃至労働程度の差は一般に無視して大過ないものと思われる。

(6) 最後の、そして最も困難な問題は所謂地力が及ぼす労産力の懸隔を如何に捨象して労産力プロパーの比較を行うかと云う事である。此の点に就てヴァルガは「個々の肥沃帯に従い且現実に一致する様に、従って不等に計算する以外に解決の方法は無い。」と逃げて居る。

(7) 結合生産物に就て労働時間を如何様に配布するかと云う点に就ても、彼は「一デシャチンの土地の上への労働費用は事実上得られた各穀物の封度数へ分割せられねばならぬ。農業経済に於ける労働費用は最も複雑な問題である」と簡単に結んで居る。

此の様なヴァルガ式把握法に就てボリス・ブルックス教授は「如何なる経営も原料用具を他の経営から得るのであるから、如何なる一生産の評価も同時に国民経済の全領域に於ける労働作用の評価を行う事なくしては不可能である」と批判して居る。

農業生産力を労働生産力指数単独によって総合的に判断すると云う事は色々の点で無理があるのである。但し生産力を労働生産力として理解し、総合的労働生産力体系の一内容として所謂土地生産力、資本生産力の問題を考えると云う態度に就ては全面的に同意したい。

此れに対して土地生産力説は土地を農業の基本と考え他種産業に対して自己の独自性を主張する。即ち農業（ランドウイルトシャフト）の本領は文字通り土地の経済と云う点にあるのであり、増加する人口に対し土地特に農業地の制限性に鑑み土地生産力の増強が必至且絶対的なものであると云う。何故ならば土地生産力の向上のみが生産総量の増大に対し直接的なものであるからである。此の論説も亦一応正しい。まことに土地は農業生産の母体「母なる大地」である。然し乍ら我々は土地生産力の向上が実は労働及資本に関連するものであると共に、土地生産力の偏進が固い岩壁に衝突し、やがて自己自身を否定せざるを得ぬ事を知って居たのである。

註(1)　此の様な労働又は土地一元説の根拠に就て富又は価値を生む源によって説明する立場がある。此の点に就て多少経済学説史を回顧して見よう。

土地生産力説の根拠はフィジオクラートの主張に由来する。即ち彼等の重農主義経済学は土地を剰余の泉と見做し、此の力によってのみ農業労働は生産的であると説いた。例えばチュルゴーの「考察」には次の様な言葉が見出される。「農夫の地位は他と著しく異なる。土地は凡ゆる契約には関係なく、農夫に対しては直接労働の代価を支払う。自然は農夫をして絶対的必要物を以て満足せしめる程に物惜しみをしない。自然が農夫に与うるところのものは、彼れの欲望にも、又彼の労働時間の価格の契約的評価にも比例しない。土地、豊土及び正確な自然的結果によることの方がその土地を豊饒ならしむる為に用いられた骨折りや手段によるよりも遙かに大なるものがある。」従って純生産は農業に於てのみ期待されるのであるが、其の他の業務は之を生産的と認め難い*と。

此の様な主張は経済学の父、アダム・スミスにも略々受嗣がれて居る。例えば名著「国富論」の中には次の様な文字が見受けられる。「等量の資本にして農業者の資本以上に多量の生産的労働を働かすものは、これを他に見ない。農業者の使う作男は勿論彼の役畜も亦生産的労働者である。且つ又農業に於ては自然も亦人間と共に労働する。(In agriculture too nature labours along with man) 而して自然の労働は何等の費用もかからぬが労働の生産する生産物同様その価値を有する。……其れ故農業に使用される労働者並に役畜は啻に製造業に於ける職人同様に、彼等は自身の消費物に相等しき価値、即ち彼等を使用する資本に等しき価値を其の資本の所有者の利潤諸共に再生産するのみならず、又製造業に於けるよりは遙かに大なる価値の再生産をもたらすのである。農業者の資本及び其一切の利潤の他になおその上規則正しく彼等は地主の地代の再生産をもたらす。此の地代なるものは、地主が其の使用権を農業者に貸し付ける此等の自然物の生産物と見做し得る。……地代は人間のした仕事と看做し得る一切の物を差引き、又は補償したる後に残る自然の為せる仕事即ち自然の作物である。此の自然の作物たる地代が全生産物の四分の一に満たざる事は稀で屢々其の三分の一以上に上る。製造業に使用される農業におけると等量の生産的労働は決してかく多大の再生産を表し得るものではない。製造業に在っては自然は何事も為さない。人間が一切万事をする」と。此の見解に従えば、土地生産力の把握は農業に対する考察に於て初めて特徴的な意味を持ち、且つ極めて貴重なものである事がわかるであろう。** 此の様なフィジオクラート乃至先輩スミスの見解に対して、リカアドは自然の生産的意義に就て単に農業のみではなく、製造工業に対しても認めると共に、所謂労働価値説を主張する為価値的と云う概念と生産的と云う概念とを区別し、人間労働の生むものを価値的と称し、自然は生産的な力を有する。然し価値を作り得るものではないと説き*** 有名な地代論の提起即ち土地の本源的にして不可壊的な諸力(the original and indestructible powers of the soil) に就ての科学を展開して行ったのである。以上述べた様にリカアドは価値を生む源を労働に求め、自然の作用に対しては「生産的」と云う表現を以て語って居るのであるが、ブッヘンベルガーは之に反対し其の著 (Buchenberger; Agrarwesen und Agrarpolitik.) の中で、「土地の価値創出力」(werterzeugende Kraft des Bodens.) に就て語り、フリードリヒ大王の言葉「大地がもたらしたるもののみが真実の富である」と云う文句を以て終始して居る。一方偉大な農芸学者であったリービッヒはリカアドの見解を批判し、第一の土地に本源的な力の所在と云う点を「無より有を生ぜしむる」と云う意味に取らざる限り賛成すべきものであると説き、地力を人為に待つもの、労働の成果としての力と見做す立場に反対したが、第二の力即ち土地の不可滅性と云う考えに対しては養分の消耗を根拠として強く反対して居る。然しながらロータムステッド農事試験場等の無肥料生産試験によって土地可滅性も亦絶対的のものではない事が実証せられるに至った。

爾後も又かかる観点から労働乃至土地の一元説を根拠づけようとする研究が現われたのであるが、未だ満足すべき解答は見出されて居ない。労働価値説及び其の批判或いは富と価値との区別等に就ては此処で紹介するまでもあるまい。

註

(2) 我が国に於ても支那事変以来農業生産力向上に就て、所謂八木博士の土地生産力説と東畑博士の労働生産力説との対立があった。先づ八木芳之助教授の主張（「戦時農業生産力」エコノミスト、昭和十三年七月号）によれば、「戦時に於ける農業生産力とは、戦時に於て増大する農産的需要を充すために、農産物の生産数量を出来得る限り増大すること、即ち一国の農業総生産力の発揮を意味する」ものであるが、此の為には「単位面積当り農業生産力の維持拡充を計らねばならない」と「農業生産力増強即土地生産力向上」の形式に於て生産力論を展開されて居る。立脚点として生産総量の増加を問題とされた事は正しいのであるが、此の生産力増強は過少規模農業に於ても実現されると考えられた点は勿論誤謬である。之に対して東畑精一教授は土地単位面積当りに見て我が農業の限界生産力は既に「最高＝限界」に達し、一方労力著減する傾向に注目され、其の稿「戦争と食糧」（国防経済論昭和十三年所収）に於て、「例え耕地単位面積当りの生産力は減少しても、単位投下労働の生産力を増加する必要がある」事を力説されたのである。此の主張は労力を非打算的に浪費する退嬰的農業者及一知半解的な農本主義者に対して一大警鐘乱打するものであったのである。然し乍ら我々は、「我が農業に於て土地生産力は最高頂に達し且行きづまりつつあるが故に、これを犠牲としても労働生産力を向上せしめなければならない」と云う観点に対しては、「我が農業に於て土地生産力は尚漸進の能力を有し、進歩の法則を通じ労働生産力と併進するものである」事を確信する。最近稿「日本農政の進路」（世界創刊号）によれば、博士の農業生産力説が一つの相対論である事が解かる。即ち農地狭く労働人口豊富なる条件の下に於ては、農業的活動の基準が「最稀少要素である耕地乃至耕地面積の利用」に向けられ、「労働力は此の基準の見地の下に従属函数の如く見られる」に対し、労働力に於て相対的稀少に悩み且つ尨大なる過剰地を有すると云う条件の下では事情が逆転するものであるが、共に一応肯定せられて良いものであると云われて居る。此の様な意見はカーバー或いはワーレン等の学説にも現われて居り、例えば前者の一書（T.Carver: Principles of Rural Economics）によれば、少地多民的国家に於ては、農業者は「土地から出来得る限りの生産をあげる為に進んで困難なる労働に従事するのである。彼等は労働の生産力（Productivity of

labor）よりは彼等の土地の生産力（Productivity of land）に依拠する」と説き、後者も著作（G.Warren: Farm Management, 1924.）の中で多地少民的条件の下では「農業者は単位面積当りの収益（profit per acre）よりは単位労働者当りの収益（profit per man）に対して関心を持つ」と云って居る。

　此の様な論説は一応出発点的意味に於て肯定せられて良い意見であるが、農業生産力の発展上かかる偏向に終始する事は到底許されないのである。

＊　此の様な土地生産力信奉の立場にありながら、然もフィジオクラートの連中が大農こそ此の唯一の富の源泉を酌みとるに最適のものであると考え、大農保護政策を主張するに至った事は興味深い。

＊＊　此のスミスの説明に対してキヤナン教授の如きは口を極めて罵倒して居る。然し乍ら教授のスミス批判も亦成功して居なかったのである。

＊＊＊　森耕二郎「経済と自然」（九州帝大法文学部十周年記念「経済学論文集」所載）参照。

　此の様に一元表示説には理論上又実用的見地からしても無理があり、各種個別生産力を相互に重視しつつ労働生産力の実質化に就て努力する事が農業生産力の発展上正しい道筋なのであるが、多元説に従い然も判定困難な諸事例に就て農業生産力を判断する事は果して可能であろうか。此の問題に就て次の様な四つの肯定説が存在する。

　第一の立場は農業生産力を生産総量と理解し、それを土地、労働及び資本財[*]の相互作用函数と見る訳である。従って此の観点からするならば農業生産力の判断は結局生産総量の高に依って為される事となる。[**]此の主張は一理あるが所謂生産諸要素の節約乃至効率を評定せぬ点に難点がある。之に対し第二の論者達は所謂富の純計即ち純富生産高によって決定する事を主張する。即ち第一の立場で取上げた粗生産高より消耗物財の費消量を差引き土地及び労働の生み出したものとして純生産の大いさを問題とするのである。此の見解は第一の立場より一歩前進した内容を持つものであるけれども純生産の算定上結局価格計算に依存すると云う難点がある。次の立場は所謂資本家的判断方法に従うものであり、各種生産要素を資本還元し、総合資本対粗生産高（純生産或いは利潤）として吟味評定せんとするものである。此の主張は各生産要素の内容を価値的に一元化すると云う新しい考慮に於て優れて居るが、結局把握されるものは収益力であって生産力ではない。そこで両力の動向一致する場合の外は勧め難いのであるが、生産要素特に労働力を資本還元する点に就ても問題がある。此の点を改善し各生産要素を一元化すると共に、直接的に生産力を判断しようとするのが第四の立場である。此の主張は各個別生産力の重要度に応じてウェイトを付け其の総計に依って判断しようとする。此の考察は特に社会主義的経済体制の下に於て有意義なものであるがウェイト決定の合理性客観性如何と云う点に問題がある。理論的には次の様な手続を踏むべきものであろう。即ち第一番に国民経済乃至特定地方の土地、労働及生産手段の限界生産力を各個に測定する。例えば最後の穀物単位一石を生産する為に土地では1反、労働ではm人、生産手段ではn個が必要であると計測せられたとするならば次に此等の生産諸要素の反、人数及び個数量を計測値に応じ加重計算する。最後に此の総計値で生産総量を除し農業の総合生産力を計測する。以上の手続は一応肯定せられて良いものと思うが、唯限界値の計算が難しい。

＊　資本主義経済を前提とせぬ場合には、これを生産手段又は技術的諸財と呼ぶと良い。

＊＊　生産総量の計算は単純な個別量による場合、或いは各生産物をカロリー其の他の技術単位に従って行う場合とがあり得る。

註

(1)　此の最後の立場即ち評点法を採用して生産力を計算する事に就てソ連邦の農業経済学者チャヤノフ教授がE・Z紙第二二五号及二三一号に示した興味深い例があるから紹介する。教授は先づ生産力従って経済の判断を次の様な形式、即ち「生産実物一〇〇〇単位がこれこれ量の労働、原料及び生産手段によって得られる」と云う風に表現すべきであると主張するのであるが、これを相互に比較するために各生産要素に就て社会的に有用だと云う規準（Norm）を設け此の規準に従って一元化された値と生産実物との割合を計測する事が正しいと云う。此の規準を如何に決定すべきかと云う事は問題であるが、彼は「社会的に有用な限界生産力規準」（Grenzproduktivitätsnorm）による評価を主張する。此の点は以上の説明と同様なのであるが、彼の所謂限界生産力とはクラーク流の定説と異った理解の上に立って居るのであり、次の様なものである。例えば「今国内に於て大茴香《アナイズ》を生産し得る五つの経営がありとする。此等の経営の各々は大茴香の一〇〇封度を生産するとしよう。然るに自然的並に経済的条件を異にするが為に、それ等の経営は同じ一〇〇封度を得るに同じ努力を以てしない。即ち一〇〇封度を得る為に、第一経営では一三二労働日を、第二の経営では一四七労働日を、第三のそれでは一五三労働日を、第四のそれでは一六八労働日を、而して第五のそれでは一八一労働日を要する。所が我々が国内で年々単に三百封度の大茴香を必要とするに過ぎないと仮定すれば、国は如何なる経営に於てそれ等を得ようとするのであろうか。三百封度の大茴香だけを生産せんと欲する国家は、経済的基本原則を貫くがために、第一、第二、第三の経営に生産を集中し、第四第五は他の財の耕作に用うるであろう。我々は最初の三つの経営を選択したので、選ばれた三つの経営の内労働生産力の最も悪いものは第三番目の耕地即ち一〇〇封度の生産の為に一五三労働日を要する耕作経営となる。我が国に於て此の第三番目のものが労働生産力の限界となるであろう。……この場合一五三労働日は大茴香の生産にとっては労働生産力の求められた規準と認められ、すべてのより生産力の高いものはより経済的と認められ、より少き生産力のものは経済的でないものとみとめられるであろう」と。そして此の様な限界生産力規準をあらゆる生産要素各別に就て決定するのである。今一個の穀産経営に就て生産（の経済）性を検討する彼の具体例を見よう。此の経営

第４表　穀産経営総合生産性算定の一例

生産の諸要素	限界基準（単位）	現実に経営で用いられた量（単位）	割　合
労　働	45.0	30.0	1.5
生産資料	120.0	90.0	1.3
土　地	11.0	8.5	1.3
運　搬	0.6	0.6	1.0
建　物	15.0	25.0	0.6
道　具	0.5	0.4	1.2
材　料	1.5	1.0	1.5
肥　料	0.03	0.03	1.0

（建物・道具・材料・肥料）――1.1（※）

$$生産性=\frac{1.5+1.3+1.3+1.0+1.1}{5}=1.23$$

※建物、道具、材料、肥料の各重要係数を労働の重要係数の４分の１とする。

に於て穀物一〇〇単位を生産する為に労働三〇・〇単位、生産資料九〇・〇単位、土地八・五単位、運搬〇・六単位、建物二五・〇単位、道具〇・四単位、材料一・〇単位、燃料〇・〇三単位を要したとする。右それぞれの限界生産力規準を順次に四五・〇。一二〇・〇、一一・〇、〇・六、一五・〇、〇・五、一・五、〇・〇三単位とすれば、生産性は第４表の如く計算することが出来る。

又多角的経営の総合生産性に就ては第５表の様に計測される。此の値を限界生産性基準一・〇〇と比較するのである。*

＊　此の評点法に就ての批判は経済計算の中心問題となる訳である。例えば山本勝市著「経済計算」、拙著「農業経営に於ける比較理論」等参照せられたい。

註(2)　経済学者マノイレスコは生産力の総合指標として次のような形を考えた。即ち労働生産力（P/A）と資本生産力（P/K）の総合指標を

$$q=\sqrt{P/A\times P/K}=P/\sqrt{AK}$$

としてあらわした。同様の考察を農業に即して考察し、土地生産力（P/B）を含めて考えるならば、農業の総合生産力は

$$q=\sqrt[3]{P/B\times P/A\times P/K}=P/\sqrt[3]{BAK}$$

としてあらわすべきものであろう。*

（同様の考察は那須皓教授の論文「農工商に於ける純富の生産に就て」―農業経済研究第一巻―にも現われて居る。）

第５表　多角的農業経営に於ける総合生産性算定の一例

経営部門	当該経営の部門別生産性係数	農業各部門の相対的重要度係数	総　計
農　耕	1.24	4	4.96
牧　畜	1.02	1	1.02
菜　園	0.90	1	0.90
家畜飼養	1.48	2	2.96

$$総合生産性=\frac{4.96+1.02+0.90+2.96}{4+1+1+2}=\frac{9.84}{8}=1.23$$

第６表　農区別に見た稲作農業の総合生産力

	土地生産力指数 (a)	労働生産力指数 (b)	総合生産力指数※ $\left(\frac{a+b}{2}\right)$	$\left(\frac{a\times b}{100}\right)$
北海道	64.3	112.7	88.5	72.4
東　北	82.4	77.9	80.1	64.1
関　東	86.4	90.8	88.6	78.4
北　陸	94.5	97.7	96.1	92.3
東　山	98.3	99.7	99.0	98.0
東　海	91.6	95.7	93.6	87.6
近　畿	100.0	100.0	100.0	100.0
中　国	86.1	82.4	84.2	70.9
四　国	86.0	86.3	86.1	74.2
九　州	91.9	96.0	93.9	88.2
沖　縄	56.4	65.7	61.0	37.0

※正確に云うならば$\sqrt{a+b}$を計算するのが良い。

此の場合問題となるのは各種個別指標を同一の重さに従って計算すべきものであるか、又異質的な各個指標を乗ずることによって生産力の総合化が果して可能であるかと云う点である。此の点はオット・エフェルツの総合指標$w/(a+b)$（bは土地の量、aは労働の量、wは効用量）に就ても亦指摘されなければならない。（手塚壽郎「マノイレスコの生産力概念と其の想源」—商学討究第十四巻上冊—参照）

＊　尚マノイレスコはPを純富額として計算した。

註(3)　便宜的な方法として各個別生産力指数を加えそれを指標の数で割る方法、各個別生産力指数を乗じ、この値を指数（標準を百として）として再計算すると云う事も考えられる。但し前者の方は個別指数間にあまり大きな差があると（即ち生産力が逆行関係にある場合）あまり意味をなさない。此の点後者の指標がすぐれて居る。然し各個別指標に同一ウェイトを付した点に就ては依然として問題が残さ

れて居る。尚参考迄に我が農区別水稲生産力を事例として示して見るならば第6表の如くである（第一部、第12表による）

（後記）

此の部は私の立場の未だ判然としなかった時代のものである。生産力併進説の立場に立ち、その立場を肯定し得る限りかかる思索は無用である。それは「考え方の遊び」に過ぎない。生産力とは労働生産力のことである。そして総合的労働生産力体系の中には所謂土地生産力要素、資本生産力要素が正しく収められて居る。土地生産力とか資本生産力と云う通用語を用いた場合には労働生産力との併進と云う表現も生れてくる。しかし生産力とは元来労働生産力のことである。生産力併進と云う俗用語は「労働生産力の実質化」を意味するものに他ならない。「農業生産力の総合判断」と云う問題は「労働生産力の実質化程度」を云々することである。そしてこのような問題に就て此の未熟な研究も何等かの示唆を与え得るものと考えて敢えて集録した次第である。

附　佐藤信淵の農業生産力説

佐藤信淵（昭和六年生—嘉永三年没）の学説に就ては先づ中田公直氏が札幌農学校卒業論文として名声を博した「佐藤信淵の農政学説」（大正四年）を初め、瀧本誠一「佐藤信淵家学全集、三巻集成」（大正十五年）、羽仁五郎「佐藤信淵に関する基礎的研究」（昭和四年）、小野武夫「佐藤信淵、社会科学の建設者」（昭和九年）の他、河上肇、大川周明、本庄栄治郎、土屋喬雄、野村兼太郎、鶴田恵吉、中島九郎等の諸氏による研究があり、又「疑問の人物＝佐藤信淵」を巡って森銑三氏による痛烈な批判も現われて来た。以下の論文で私は彼の名著「垂統秘録」（安政四年）を中心とし乍ら上掲した既成信淵研究者達のあまり触れなかった分野に就て、即ち信淵の兼業農家論、農村計量、農業生産力規準に関する考察、集約度概念、農民定有論、小農指導論、労働力保全論等を通じて彼の「農業生産力説」を紹介し検討もして見たいと思う。

先づ第一に彼の兼業農家（不適）論を取上げよう。彼は同書六府篇に於て世界の諸産業を八科、即ち草、樹、礦、匠、売、傭、舟、漁の八民に分ち、万民を以上の八業に区別せしめて此を六府に分配し「一民に一業を賜りて各其の事を勉励せしめ厳しく他の業に手を出すことを禁ずるを法」となさしめんとして居る。そして草民は本事府に、樹民、礦民は開物府に、匠民は製造府に、売民は融通府に、傭民は陸軍府に、舟民、漁民は水軍府にて統制せられ、万民は各々専業を得、「日夜専ら其業を務て怠慢することなからしめ、各自に其精力を尽さしむる」ならば、「何れの産業も皆習熟の功を積て自然に精妙に至り漸次に数多の利潤起りて国家益々富盛すべし」と云う。従って彼は第一に兵が農を兼ねるを認めない。何となれば「士は政事と武備とを専務」せねばならぬからである。従って所謂産業は農工商民の専営するところとなるのであるが、第二に彼は商人にして農業等を兼営するを認めまいとする。何となれば商民にして草民、樹民、匠民、漁民等の業を兼ねるならば、「何れの営為も皆疎放に為りて精密を尽すあたわず」生産力は減退し、「利潤年を逐て減少し」、「終には国家衰微に及ぶ」にいたるからである。既に商工人の兼副業的進出を不可となす。いわんや商人等のする地主的営為においておや。即ち彼は此の事について、融通府第四の節にて富民の土地兼併、小作農の増大、農産物の不等価交換を切に憂い、農業市場保護機関として融通府の設立を主張して居る。「抑々此府を建てて下民の売買と典富（質のこと）とを厳禁する所以は凡そ貨物を交易すると、花利の金銭を貸すことは、其利潤極て広大なるを以て、下民に許し、此を為さしむるときは必らず豪富なる者下民に出来て、貧民に花利の金を貸付け、利足に利足を加えて、此を困窮せしめ、終には貧民の産業を奪取て此を兼併するに至る。故に貧民は己が産業を皆富民に剥奪せられて、止むことを得ず富民の田畑を借りて耕作するを以て、公税の外に数多の増税を取立てられ、豊年なりと雖も衣食の足らざるに困む。況や凶年饑歳に於てをや。」まことに彼等は「欲心限り無きものにて絶て貧人を憐愍むことを知らず、尚も高利の金を貸し、利に利を加えて促責し、」地主、商人、高利貸の三位一体的権勢を以て「天地の神意を乖戻する罪悪をなす」にいたるからである。彼が秘策はかくの如き傾向を統制せんとするものであり、その弊を強力に取締らんと志すものであるが、その為には農村及都市計量をも定立せしめねばならぬ。何となれば兵農工商共に雑居することは自然的にこれら相互の交通を促すものとなり、兼業化を推進せしむるところとなるであろうから。かくて信淵は六府篇に於て次の如く云って居る。「八民既に区別なしたるの上は、昔管仲が斉国を治めたる法の如く、各其民の部落を分けて雑居すること無からしむべし。斯の如くするときは、其民幼少より其家業を見習うて教えずと雖も其事に馴れ熟し精妙なる者自然に多く出来るなり」と。

註　尚信淵の国土計量、地方計量については文政六年の著書「混同秘策」に興味深くしるされて居る。例えば「混同秘策巻の一第一本東京」に於て「大都を建るの法は先づ其部落内の食物を量り、而して後に其衆を斟酌す、繁華の度に過ぎたるは終に自滅をとるに至る」べしとの原則を解説しつつ具体的計量を展開して居る。又「垂統秘録小学校篇」に於て農家樹家礦家の三民を市街居住せしめざる旨述べ居る点注目に値する。

信淵は以上の如く八民雑居を強く否定する。従って彼は農家の兼業化は勿論、副業化をも禁ぜんとする意図を有する。(もっとも自給程度のことは認めて居る。) 例えば彼は本事府第一の解説に於て次の如く云って居る。「抑々草民と樹民とは、土地を耕耙し、糞肥を澆漑し、其事の甚だ相類似し近ければ其業を兼併せしむるも害なきが如くなれども、此をも禁じて必ず相い兼しむること勿れ。但し草民は其屋敷の内に木類を植え自家の有用と為し、樹民も己れが居地に草類を作り、以て己が家の用と為すが如きは害なきことなり。然れども自家に用い余るほど多く作り、此を他に売出すに至ては一民にして二業を兼併するなり。斯くの如き者を痛く罰せざれば己が専業自然に疎略に為りて、精密を尽すこと能わざるに至り、終には農政の衰微を致すものなり。況んや交易売買等を兼併せしむるに於てをや*」と。

＊　但し桑のみは木類であるが本事府に属せしめ、草民に経営を許すべきものであると云う。

此の論理に従えば勿論農漁農牧の兼業、農民の農産加工導入等の営みは許されず、耕種に於ける農業本来の過程をのみ農民は専営すべしという事となるのである。即ち彼は兼副業の支配的なりし徳川時代に於て、よく富の増強に関する社会的分業の利益を洞察したものであった。それならば所謂専業農家＝草民は如何なる程度の旺盛なる生産者でなければならないか。信淵は同じく本事府第一に於て次の如く農家及農民の生産力の基準を示して居る。曰く「凡そ農業を勉強する民は、夫婦壮健にして水田に従事し、大抵米五十石を出すべく、白田なれば麦二十石を得。其他雑穀、諸菜、綿、麻等の類も、自家の用を弁ずるほどは取得る者にて牛馬あれば殊に余裕あり。若し老父母、兄弟、姉妹等の壮健なる者有て此を助力するに至ては米を出すこと益々多し。是を以て此を概するに、健男子一人水田に従事すれば三十石の米を出し、健婦女は十五石より二十石を出すべし。又陸田に従事するときは十月初旬より四月下旬までに大麦か小麦を作りて、男は四十石婦は二十五石を出し、其他黍、稗、豆、粟等の諸雑穀の中、何れを作りても数十石を得べく、或は木綿、麻、苧、藍、煙草の類を作るも利潤甚だ厚し。或は蚕を養うも大利を興し、或は都下大邑の近傍なる村里は、穀類を減じて種々の蔬菜類を夥しく作り出すも其の利潤広大なり」と。

此処に於て注意せねばならぬのは次の諸点であろう。

（一）農業は少くとも夫婦二人を専農員とする家族農業であらねばならず、老父母、兄弟、姉妹等の助力によって更に弾力ある経営を行うべき点を指摘した事。
（二）水田及畑について経営生産力の基準を指示せる事。
（三）そして驚嘆すべき事であるが、早くも労働生産力を重視し、其の基準をも示せし事。

（四）生産力高揚に関し役畜牛馬の効用を高く評価し有畜農業を奨励せし事。

（五）適度の自給を推称しつつも、又他給生産（商品生産ではない）を以て、農業生産の大綱たらしむべしと説き、特に「都市大邑の近傍なる村里は穀類を減じて種々の蔬菜類を夥しく作り出すも其利潤広大なり」と指摘して居る事。

註　労働生産力基準に就ては宮崎安貞も言及して居る。即ち「農業全書」の中で次のように述べて居る。「一人耕して十人是を食する分数ある事なれば、農業をつとむる人は心力を尽してはげむべし。」

然し乍ら彼の着眼は決して単純なる労働生産力発揮にあったのではなくして、実に経営生産力を結節点として土地生産力、労働生産力を最も合理的に調和せしむる家族的専業経営の建設が問題であった。即ち彼は同じく本事府第一に於て農法に精密及疎放の両法あるを論じつつ科学的集約度を示唆し、地産力高度化の方法については彼の著書たる「経済要録開物篇」及び「六部耕種法」を参照すべしと云って居る。次に若干彼の所説を引例して見よう。「夫れ五穀は実を需むるの作物にして、能く其の耕種する法を精密にすると、疎放にするとにては、実を得ることの多少は信に驚異すべきの相違あるものなり。予が経済要録なる開物篇に論じたるが如く、従来一万石の米を得たる水田より、能く農法を行うときは二万石も三万石も豊熟するに至る。諸物皆然り。故に能く農法を講明し、且つ其業に老練なせる者を取挙げて田畯の官（周時代に農事を掌った官名）に任じ、此に草民の師役を命じ、常に草民を教諭して農事に精密を尽さしむべし」と。又別の場所（同じく本事府第一）で次のように説いて居る。「凡そ一里四方の土地は四百六十六万五千六百坪あり」（即ち当時の一町三千坪を以てするときは、一千五百五十六町二段なり）「此を水田にして稲を作らしめ、古来定法の如く一坪より五合づつの米を獲ることとするとき（即ち反当一・五石）は其米二万三千三百二十八石あるべし。然るを予が家の農法の如く、彼の六部耕種法の説に従て其土性を調和し糞培を精妙にし、耕耘灌漑に墾到を尽して作る者あらば一坪の土地より其米一升二、三合より二升許りも（即ち反当三・六石乃至六石）生ずべきを以て、一里四方の田地にては大概六、七万石より八、九万石の米を得べく、陸田に諸穀を作るも亦此に準じて推量すべし」と。

註　集約度概念についての若干の呈示は学説史上注目に値するであろう。

当時の農業経営は之を二分して理解すべきものと考える。即ち其の一は徳川前期に継続する地主手作的経営である。此等の農業経営は二町乃至三町或いは其れ以上の広面積、家族労働二乃至三名、年傭数人、役畜一頭程度を以て多く単純なる主穀農業を行うが、灌水、施肥、管理、調製其の他農作業は極めて低度のものであった。従ってたとえ見かけの労働生産力は高く算出せられても、経営生産力に結ぶものとしての土地生産力、労働生産力の実相は信淵の眼よりして不満足極まるものである。又年傭依存の点に於て完全なる家族農業でもなかった。

今一つの形態は地主の高利貸化不労地主化に基く小作農的零細経営である。此等の小経営は年傭を欠き（但し農繁期は日傭を入れるものもある）、役畜を有せず（但し必要時借入れをなすものもある）、一町以下の耕作規模を以て主穀生産を営み、加工業手工業等の余業を導入して辛じて農民の生活を支え得たものである。従って此種零細経営は小作人であり、又小手工者であり、或は問屋資本の下請手工業者であり、年貢小作料を作る道具として隠忍これをことゝする窮迫生産者によって営まれるもの故地主作乃至隷農主的手作経営にも増し不健全なものであり、当時漸く地方役人及経済学者の注目を惹くところとなって居た。

註　古島敏雄著「日本封建農業史」参照。

従って信淵の意図する所は在来の粗放且低度なる農業経営を改め、彼の所謂精密農法を以て経営生産力、土地生産力、労働生産力の調和的高度化を期する事、換言すれば適当単位面積当りの労働生産力を高める点にあったと云え得ると思う。

而して其の技術的前提は彼の著述「草木六部耕種法」等に於て、又社会経済的前提は彼の垂統法により認め得るものとなした。*

＊　後者の点に就ては土地の国有、農民に対する租税負担の合理化を考えて居た。

彼の意味する農業進歩論の方向は単なる農業集約化ではなく、合理的集約度の実現が彼の思索の中心を占むる課題であったのである。其の事は所謂老農的支那農学的な鋤八遍或いは犁一擺六式の集約農法を力説した宮崎安貞に対する彼の批判によっても明らかである。即ち彼は「経済要録」に於て東北諸国の如き多雪地方では省力農耕を大いに着眼すべきものであって、又肥養に就ても植付本数に対しても不用意な多施多投を警むべきものとして居る。如何んとなれば、「東北諸国は夏秋の外は耕作せずして啻に土地を休置のみならず、冬より春の間は、大雪降り積りて土地を覆うを以て厳霜降敷と雖も生々の元気を剋殺せらるるの害ある事なく、且雪は潤養するの性あるを以て、其地自ら膏腴を為し、草木草生の勢い甚だ強壮雄健なる」が為である。「故に右諸国は水田等を作るに、耕すこと両三度にして、僅かばかりの厩肥を用るのみ」にて足りる。又「其苗を植著るにも必ず一本づつ植ることにて、二三本づつ植る田は極て希に有ること也。且又其一本づつ植たる苗は、三状の炎暑を経るの間に夥しく繁衍し、穂を抽で花を発する頃には一株毎に皆三十茎ばかりの稲株となり、其一茎毎に籾の著くこと八九十粒より、其多きものは二百粒に至る」のである。然るに若し「唯農業全書の説たる如く、徒に耕耘糞培を鄭重するものならば稲の茎葉のみ繁茂して実もなき青藁と成果んこと」疑ないのである。畠耕の場合も亦同断であると。

それならばこのような専業農家即ち草民を国民経済全般に於て以下に配置すべきか。即ち本来の農業人口（草民）を如何程定着せしむべきものであるか。此の点に就て彼は農本主義的諸思想を解陳し、「本事府第一」に於て次のように説いて居る。「其れ農は国家の基根、此府は政事の大本にして上は天子及び三臺、六府の官人、諸国諸邑の学館、其他村々の教育廟より、下は天下の樹民、匠民、礦民、商民、傭民、舟民、漁民等に至るまで、悉く此府の政事に頼りて性命を保続することとなるを以て、極めて緊要なることは固より論ずるにも及ばず、故に草民の人数は他の七民の総数より三倍あるに非ざれば叶わざる事を知るべし」と。即ち「草民は八民中の上座」たるものであり、草民は八民総数中七十五％定有せられねばならぬと云う。

註(1)　岡山直太郎著「日本人口史」によれば、明治初年に於て農業者は全有業者の約八割、工業者は約三分五厘、商業者は六分六厘、雑九分、雇人は一分五厘であるが、徳川時代に於ては若干農民の比率を増し、工業者及商業者の比率を減じたものらしい。

註(2)　徳川時代に於て信淵の著述せる頃日本人口の全体は大体二五〇〇万人と推定して大過ないであろう。而して其の内約三〇〇万人（一二％）は武士階級であった。従って草民は国民総数の六十六％維持せねばならぬ事となる。即ち国民の職業的配置は其の子弟を含めて次の如くなるであろう。

武　士	三〇〇万人	一二％
草　民	一六五〇万人	六六％
其の他の有業者	五五〇万人	二二％

全農家を一戸六人家族とすれば二七五万戸である。

そして此の間の配置は統制によって此れを行い、八民は其の専職と住居地域を異にする事となる。併し乍ら彼は単に強制力のみを以て各産業員の配置を行わんとするものではなく、彼等庶民の経済上生活上の安定的均衡を地盤として断行すべき旨を述べて居る。例えば彼は「開物府第二」に於て経営上の実際的数字を示し、「故に山野に櫟木及びナラノキを植て炭焼の業を勉強せしむるも、田畠を耕して穀類を作るも格別には劣らざる者なり。国土を有するものは心を竭さざるべけんや」と結論して木民と耕民との（農業と林業との）均衡を論じて居る。此の間の所論はフォン・チューネンが彼の大著「孤立国」第一部に於て「穀作に対する林業の立地《スタンドオルト》」を論じ、両者の比較及均衡について行った研究に匹敵する興味深きものである。又職業は必しも世襲を強要しない。例えば教育所第五に於て彼は村の教育所に学ぶ小児に対して成長に従い其好める業に就かしむべしと説いて居る。かかる経済並に生活的均衡の下に八民は各個に安定ある配置につくわけであるが、其の所属部内に於ては人才の登用が、従って階梯上昇に対する流動条件が考慮せられ、農業者と雖も本事府の要職に同直し得る事を述べ、特に其の間の事情については商民を例として融通府第四に於て精細に解説して居る。即ち此等の人々は単に各所属府の皀隷たるに過ぎざるものではなく「能く其事に精妙にして功を積み、労を累ぬるに及んでは、漸次に昇進して」最高位たる奉行役にもなり得、位階の等級に応じてテアテの増俸をも期待しうる事となるのである。従って万民は各々乃れの所属業務に勉励し、国家の大用を達成する如く努力すべきであると説いて居る。

以上の如く信淵は専業農家育成によって其の生産力を発展せん事を期し、又農本の大義より農民の定有を説いて居る。然し乍ら斯くの如き理想の達成は種々の点より困難な問題を含んで居る。何となれば当時の国情はかかる安定条件及農業高度化への可能性を約束するものではなかったからである。かくて信淵は六府八業の垂統経済秩序を樹立し、高度の産業統制及指導政策を要望した。

註　此処に六府とは本事府、開物府、融通府、陸軍府、水軍府がこれである。八業の所属については既に前述した。尚彼が果樹業と林業とを類視しその生産者を木民と名付けて開物府に所属せしめ（開物府第二）農具、馬具等の製作者は製造府之を統御し、自由売買をみとめず、その製品を融通府を通し農民にいたらしめる常例（製造府第三）、牛馬豚羊を飼育する牧夫の類は之を陸軍府統制下に置く規定（陸軍府第五）、更に漁業を水軍府下に配属しつつ漁村の維持を力説し居る点（水軍府第六）等は大いに検討すべき問題であろう。

農業生産力の阻害因たる外円的条件即ち地主商人等による農民の搾取を厳禁し、農業経営の発展上生産方法の高度化を期せしむる如く配慮する必要を強調する。特に農民は個別生産者たる故ややともすれば不等価交換の被害を蒙りやすきものであるが、此の点本事府は「草民の作り出したる百穀、蔬菜、薬物、真綿、草綿、麻、絲、染料、諸竹、席草、菅、煙草等の物産をば此府の官人能く此を統会して悉く此を融通府の官人に輸し、其価銀を取て草民に配分することなり。故に村々に産物の会所を立て置て斡旋すべく、融通府の官人は商民を下知して村々を巡回し其品物を買い取らしめて其価銀をば此府の官署に納め、其物をば融通府より出張の官署に引取らしむべし。且又融通府の官人は常に此府の官署を巡り草民入用の品物を商民より売りたる価銀を此官署より取り、又草民の出せる産物を買うて価金を官署に納む。是れ其の定例なり」と。

即ち信淵は一方では農本主義によって農業生産力の増加を計ると共に、他方では商業国営によっていよいよ国富を貯えん事を要望する。そして農業上必要とする生産機具、資材等々についても、又金融についても融通府を通して割当的に之を行わんとするかの如くである。しばしば進歩的歴史研究者達は彼が眼の農業のみに偏して工業の勃興について十分の見透しを有せず、又富の集中についても国家的に集中された商業資本が或いは統制施策と並行する財政的金額として、或いは産業資本へ転化すべきものとして十分解説せられて居らぬ事を遺憾とする。その論難は一半に於て確かに正当であろう。しかしながら彼の学説は疾風吹きすさみ怒濤逆巻く徳川後期にものした書として最も進歩的な内容を有し且体系的な学説である。彼は確かに此の一書に於て国家の繁栄の為に農業、工業其の他の諸産業の生産性増加の方法を科学的方法の優越と、巨大なる眼孔を以て物語って居るのである。

土地国有に就ては「秘録」でははっきりとした言及がない。しかしその意図があったことは明らかである。当局の行う農業統制に就ても農業進歩の大道を認識し正しい手続によって行うべき旨を述べて居る。そして彼の主張に従うならば水田単作農業は水田輪作農業へと向うべきものである。水田輪作の効果に就て彼は別の著述「草木六部耕種法」の中で例えば次のように述べて居る。「草綿は多年同処に作るときは、結実の減々減少するを以て三年作たる上は其処を換うべし。田を代えて作るときは、一両年の間は充分に実の多く結ぶ者にて、其跡に稲を作れば地気新なるに因て米亦夥しく豊熟し、二年分の取実も得る者なり。総て作物は草綿のみに限らず、多年同処に栽るときは、次第に生実の減少するは自然の理なり。予て此の心掛あるべし」と。水田輪作農業を行うためには強制耕作制を破棄しなければならない。彼は丹波国何鹿郡綾部領内で君侯を説き伏せこれを実現したと云うが、その他各諸侯に奉った文書の中でも輪作農業樹立の必要を説いた。(例えば「責難録」、「鳥羽領経緯記」、「種樹園法」等参照。)

又農民達に対しても次のように話しかけて居る。

「一日愚老諸郷の大庄屋を集て問曰、汝等綿を作るに必ず麦の間に種を蒔乎、答曰、然り、又問曰、土用には綿の間に蘿蔔を蒔乎、答曰、然り、又問、汝等麦を刈たる跡に稲を作るに、田一段の上、中、下を十年平均するときは、一年分所得の米は何石程づつに当ると云うことを、精く是を例して見たること有りや、村老庄屋等皆相顧み沈吟して答る者なし、愚老乃ち村老等に告曰、汝等一段の田に稲を作るに極上の糞肥を十分に用い、培養を精くし骨を折て墾誠を尽すと雖ども、三石の米を得ること難し、仮令三石の米を得るとも、此を売るときは代金三両に過べからず、今夫汝等我教に従い田に稲を植ることを止めて此れに草綿を作らば、一段の田より五十貫以上の実綿を生じ、此を繰子にするとも十八貫に下らず、且畦の間に麦菽を蒔付置も、亦二十駄以上の大根を得べし、其十八貫目の繰綿を、一貫目金二分に売るときは代金九両なり、内三両金にて米三石を買いて弁納すると雖ども、金六両と数多の麦菽残るべし、是莫大なる利潤ならずや、然るに其綿を作らずして稲を植う、是此郷の貧窮する所以なり、汝等何とて此を考えざる乎、庄屋村老皆錯愕して曰、田に綿を作るの利潤多きことは知らざるには非ず、然れども田に稲を植ずして他物を作ることは古来御制禁にて、此事ばかりは先生の御意なれども従うことを得ずと、予又此に告て曰く、此制禁は飢餓を畏るが故なり、飢饉の手当を備るのは上は何の害かあらんや、汝等能く我が勤化に従えば、我此を国君に願いて此を作らしめんこと難からず、皆曰、先生の御勤化は如何なる事にや、若夫れ御意の如く調うことならば難儀に堪え忍ても敬んで御意に従い奉らんと」(「責難録」)

註　水田輪作農業樹立の必要に就ては例えば拙著「水田酪農の研究」を参照せられたい。

以上が農業生産力高揚に関する外的条件の矯正施策であった。而し乍ら問題は外にあると共に更に内の問題でもある。農業生産力の問題は国民的生産力の問題として単に外に広く放散しつつ論ずべきではなく、農民の経営能力の問題として内に向うものでなければならない。何となれば信淵も本事府第一に於て強く指摘して居るように、農民は「其性甚だ愚昧なる者にて、精しく講説して教導せざるときは、老死に至るまで田畠の中に労苦すと雖も、天地化育の道理を熟知せざる者多し。且つ又懶惰の行いを好むものにて頗る政事を厳明に為ざるときは、其身の貧窮に迫まるをも顧みずして佚楽偸安を事とする者」であるからである。従って農民に対する指導統制は之を厳明に行う必要があるのである。然し乍ら他方政事の厳明は施策者の能力に関係し、当時の武士階級の如きにこの事を托するならば「咨意の網」は直ちに我が農業界全体を被い農業高度化と称する光明の投射をさまたぐるものとなるであろう。此処に於て垂統の秘策は農民を統制指導しつつ又彼等が自主的に歩みうるものでなければならない。この点信淵は所謂「農民指導」（アグロノミー）の日本版を早くより精細に思索した農本主義者でもあったのである。即ち彼は本事府第一に於て、其の構成を奉行、長吏、参政若干名と共に、農会技術員に比すべき田畯及大中小の老農多数となし、且農政担当者につき其の仕格を次の如く論じて居る。「所謂農政を講明することは、乃ち田畯及び老農の専務にして、予が草木六部耕種法に説きたる如く、上は二十四番の気候を審かにし、下は四十八等の土性を明らかにして、気候の寒温不及なるをば、此れを変通するの法を施し、土性の剛柔大過なるをば此を転換するの術を行い、精しく條理を押し進め、万草をして十分に繁衍せしめ、六部（根、茎、皮、葉、花、実）の需むる所を円満に成熟せしむる」の法を理解すべきであり、指導者統制者たるものは社会経済学的にのみならず、農学的に精密農法を機に応じ理に応じて教導し得、且足をいとわず農村を巡行しうるものでなければならないのである。尚教育所第五によれば本事府開物府の下官は、「日々其村々の田野山谷を巡覧して、五穀及諸菜を始め、種々の草木を作らしめ、草民、樹民をして其業を勉強して土地の勢力を尽さしめ、懶惰にして業を励まざるものあれば、太政官と議して此を警戒し、……且つ月並の祭礼、及び年祈祭、雩祭、報恩祭等の時には、三臺の官人と議して酒肴を設け村々の人民を会集して大いに酒を飲ましめ、歓呼歌舞して其楽みを尽さしむ。」とある。

註　三臺とは神事臺、教化臺、太政臺の最高官廳を云う。

以上は統制者指導者に就いての信淵の意見であるが、官吏と農民との円満なる意志透通の為には農業者の民度の向上が組織的に行われ且その教育は農村的なものでなければならない。

この点信淵は小学校篇及教育府第五に於て諸国諸邦の郷村凡そ其の高二万石有余の土地には必らず小学校を立てんとし、且其の高千石許りの農村については村々に各教育所を別途に設けしめ、前述せる如く農家樹家礦家の市街居住を禁じ、唯教育所に於ける特殊なる素質を有する英才についてのみ之を小学校に招じ、更に見込みあれば王都の大学校に貢献して進士となさしめて国の有用に備え、又其の後凡庸と認められたる小児は之を其家に帰し、其の好む所の産業を習わしむべしと云う。

斯くの如くにして農業者は独立せる人格及経営主体たる地位を賦与せられるに至るのであるが、此の農業は八民の産業中「最も艱難なる」ものであり、屢々自然の恣意に玩ばれ、飢餓の患に苦しめられることあり、又其の労働は朝は未明より晩は月の影を踏んで帰る強烈なものである。従って「三臺事天の政教は、農夫を愍むことを第一の

心得」となさねばならない。此処に於て農業保険的或いは労働力保全上の社会設備が用意せられねばならない。（本事府第一参照）

広済館は前者の意味を担って遍く万姓の困窮を贍救する機関であるが、本事府よりも下官が出役し、管轄下農村に洪水又は火災あって、草民に罹災者あれば直に見分して銭及食糧、衣類、器物、材木、苫莚等の支給を行う。尚其の間の通達は村の教育所より発せられる。又「飢饉或は悪病の流行する時にも亦意を用いて其患苦を救うことを務め、且又其附属する諸村の道路を修理し橋梁を架し、堤防を築き渡舟を造る等より、其他山を開き、海を埋め、田畠を墾し諸物産を興し、塩を焼き漁猟を始むる等総て永久の利益を起すべきことに就て、万民の力の及ばざる処をば、此館より悉く其財用を出して此を成就せしむる」と云う。従って此の館は単に消極的な意味に於ての農民生活保険の機関ではなく、国家の財政によって積極的に開墾を行い、道路を補修し、或いは開設し、土地改良を行うなどの点に信淵の雄大なる構想が認められる。（広済館第一参照）

他方労働力保全に就て彼の最も腐心したのは婦人労働であった。何となれば彼女達は「農業労働の外に炊事や育児の任務が更に附課せられて居る。過労――これこそ百の禍の伏する所である。」

農村婦人は我が家族農業にとって一つの光彩を放つ情緒ある労働力の源であるが、彼女等はあまりにも自己犠牲的であり、百の禍は此の点に於て見出されて居る。従って信淵は「本事府第一」に於て次の如く説く。「斯に就きても熟察すべきは、凡そ農家の婦人児を産むときは、其小児の五六歳に至るまでの間は、其婦人家業を勤むること能わずして、農家の患難是より大なるはなし。故に慈育館、遊児廠を立てて此を済救保護せずんばあるべからず。

是を以て小児あるの家は、貧窮ならざる者と雖も、田畯も教化廠の官人能く世話して、其子を慈育館か遊児廠に送り遣わし、家業を存分に勉強せしむべし」と述べて居る。此処に慈育館とは貧民のみならず家業多忙なる家庭の赤子を養育する官署であり、世話人には其近傍諸村農家等の老男夫或は老婦人の未だ極老衰弱に至らざる者及び柔弱にして家業に疎き者を集て此を用いる。赤子の居る部屋にはすべて名札を掛けて置き、家業を終て其児の父母或は親族が毎日其部屋に行き、菓子、玩具の類を与え又愛撫するの自由を妨げず、後に其児を家に呼び帰すことも願に任かす事として居る。小児の衣食は勿論官給である。又栄養に関して特に留意し、信淵は此の点慈育館第三に於て乳育論を述べて居る。即ち「右小児を哺育する乳汁は、牛乳に山慈姑の粉末と水飴とを調和して製したる者にして、小児を養うに甚だ利益あるの良法也。凡そ乳汁を飲ましむることは、出生してより大抵十八箇月にて宜しき者也。然れども虚弱なる小児には二十五箇月も用うることあり。其後は糜粥と菓子とを用いて養うべし」と。尚慈育館に於て養われる小児は出生より四、五年の間である。既に四、五歳を経過すればこれらの子供は遊児廠に行く年頃と認められる。

遊児廠は小児を遊ばせるに適する如く設計され、小児の寝所まで備えられて居る。子供の世話は慈育館と同じく農村の老人及び力作不能の体弱者が直接当ることとなる。衣類食物は全て官給である。尚入廠児童は慈育館よりの転所者ばかりでなく、農家に於て養われて居る小児も父母の家業の障りを除く為昼間此処で遊ぶ事となる。本廠入所資格者は四、五歳より七歳迄を限度とし、八歳になれば皆其村の教育所に入る事となる。（遊児廠第四参照）

尚諸難病癈痼の疾患ある者を家に置くときは小児と同じく農家はその介抱の為に家業を妨げられる事が多い。此の点療病館は此等の者を入院せしめ又一般の病者にも薬を与え適当なる食物、衣料其の他を官給し、尚又病後も困窮するものに対しては広済館より銭糧を下給し、農家努力の保全に万全を期せんとする。

註　尚租税は全廃し国家の諸経費は商業国営等に基く利潤によって賄われる如くであるが此の点について確言されて居ない。

以上が「垂統秘録」に投映せる佐藤信淵の生産力体系である。

此等の学説についての批判はその時代的背景との関連に於て、或いは純粋理論的にも大いに検討すべきものを含んで居る。彼は此の書冊に於て当時の農業の停滞性を鋭く検察して居った。そして彼は巨大なる識見を十分駆使しつつ彼の農業理想論を組立てた。彼の農業理想論体系は彼の農業現実論体系にましてあまりにも雄大であった。従って信淵自身農業現実論と農業理想論との間に架する橋、即ち農業政策論を十分展開し得ず、彼はしばしば夢想的農政学者と称せられて居る。より正しく表現すれば、彼はある意味に於て農業経済学者であったが、農政学者ではなかった。然し彼の時流を抜く理想論体系は後代の革新的時代に於てより多くの人々に注目せられ、又彼等の政策論に多大の示唆を投げ与え得るであろう。信淵学説の研究者は学説史的興味以上に彼のものを収穫する。

註　尚彼の学説に於ける封建的、侵略主義的思索に就ては勿論批判もせられ反省も為されなければならない。

完

水田輪作と水田酪農

本書の底本となる『水田輪作と水田酪農』は昭和二三年二月に、株式会社八雲書店（東京）から出版された。再刊にあたり各節末尾の問題（設問）は割愛した。また、原著中の旧字、旧仮名遣いはすべて現代語に改め、明らかな誤記は訂正した。

はしがき

農業を再建するためには、いろいろの準備が必要である。ただ行きあたりばったりに仕事をするのではなく、正しい進路をみきわめて前進しなければならない。この点について、私も多少勉強をつづけてきた。日本の農業を発展させていくためには、経営規模を拡大し、資本を活用していかなければいけない。つまり労働生産力と土地生産力とを併進する必要がある。そしてこのような要請にもっとも適合する経営の形は共同経営である。大体こういった結論をえている。（拙著『農業生産力論』参照）

しかし、抽象的な解答だけでは不充分である。このような進路にそう技術体系…経営体系を用意していかなければならない。その解答は、理論的科学的であるとともに、具体的実際的でなければいけない。水田輪作、水田酪農という着想は、私のひとつの答である。

このささやかな著書を、稲作を愛するはたらく農民諸兄姉、及び私の父上母上にささげたいと思う。

なお、本書の出版に際しては、加藤平太郎、宮坂雅彦両氏よりご援助ご高庇をいただいた。ここに附記して厚く御礼を申し上げる次第である。

昭和二十二年七月二十九日

日本農業研究所にて

桜　井　豊

(A) 水田農業と輪作

1 水田農業の行き詰り

ご承知のように、日本の農業は水田を中心とする農業である。すなわち、耕地からいうと、全耕地の六割が水田である。そしてこの水田を中心として農業をいとなんでいる農家の数は、四八五万（全農家の八割五分）という莫大なものである。

日本の水田農業は、封建制の維持存続のための土台であった。水田農業において、水の導入は支配的な意義をもっている。水を導入することによって、相当の生産をあげることができ、ほかの作物を生産するよりも僅かの土地で一家の生計を維持することができる。そして、水を按排するために多くの労働を必要とする。したがって多くの人をあつめ、一応の生活を保証しながら高い小作料をとりたてる可能性がでてくる。水を、したがって水田を支配する権力の優位、土地所有の圧倒的な優位とその下に隷属する水田耕作農民――農奴――これが水田社会の基本的構成要素であった。水田のもつ比較的高い生産の結果は、すべて地代のかたちで支配者の手もとにうつっていく。水田農民は、汗水しぼってはたらき、狭い耕地に肥料をどんどんつぎこんで、生産の大きさをあげるように強制されたのだ。こんなわけで、水田農業は単作手農業であったわけである。水田の畑化という傾向を阻止し、用畜や役畜をとりいれるという方向を邪魔し、農産物の商品化を限定したのは、正しく地主的土地所有制度である。この制度のために、日本の水田農業は封鎖的孤立的なものになってしまい、停滞してしまっていたのである。

この行き詰りを打開していくためには、土地革命を完遂せねばならない。つまり、封建的な土地関係、中世的な汚物を一掃していかなければならないし、土地耕作の自由を確保しなければならない。

註　このような問題を勉強したい方は、次の論文を参照されたい。
小池基之…水田と封建制（『世界評論』第一巻第七号）
木下　彰…東洋的農業の危機（『潮流』第二巻第二号）
吉岡金市…わが国農業の解放（『改造』第二十七巻第十二号）

2　欧州における農業革命

土地革命を完徹すると、農業生産力はいちじるしく向上し、経営ものびのびとしたものになってくる。しかし、土地革命だけで問題は解決するのではない。土地革命は若々しい農業をつくっていくための前提だからである。この問題を解決するとともに、農業技術の変革について構想を進めていかなければならない。然らば、どのような水田農業をつくっていくべきか。これが問題である。この点については、のちほど詳述することとして、ここでは欧州の農業革命について簡単にふれてみたいと思う。

欧州の農業は、ご承知のように畑作を中心とする農業である。この地域の農業も、過去において相当窮屈なやり方を続けてきている。すなわち、三圃式農法というのがそれである。この農業は、封建時代において一般におこなわれたやり方なのだが、まず耕地を三つに分割する。第1図を参照願いたい。

三分した耕地の一部は休閑、つぎの区は冬作穀物（小麦）、最後の区は夏作穀物（大麦）と仮定しよう。そしてこの順序で毎年毎年交代的に作付けするのが三圃式農業である。このように、穀物に偏傾している。しかもその耕作は強制的であったのだ。もっとも役畜ははいっていた。耕地の周辺に放牧地がもうけられ、役畜が飼われていた。しかし、用畜ははいっていかなかった。耕地はいちじるしく交錯し、不合理なものであった。当時の農民のあわれな状態について、ラブルュイエールという人は、つぎのように描写している。

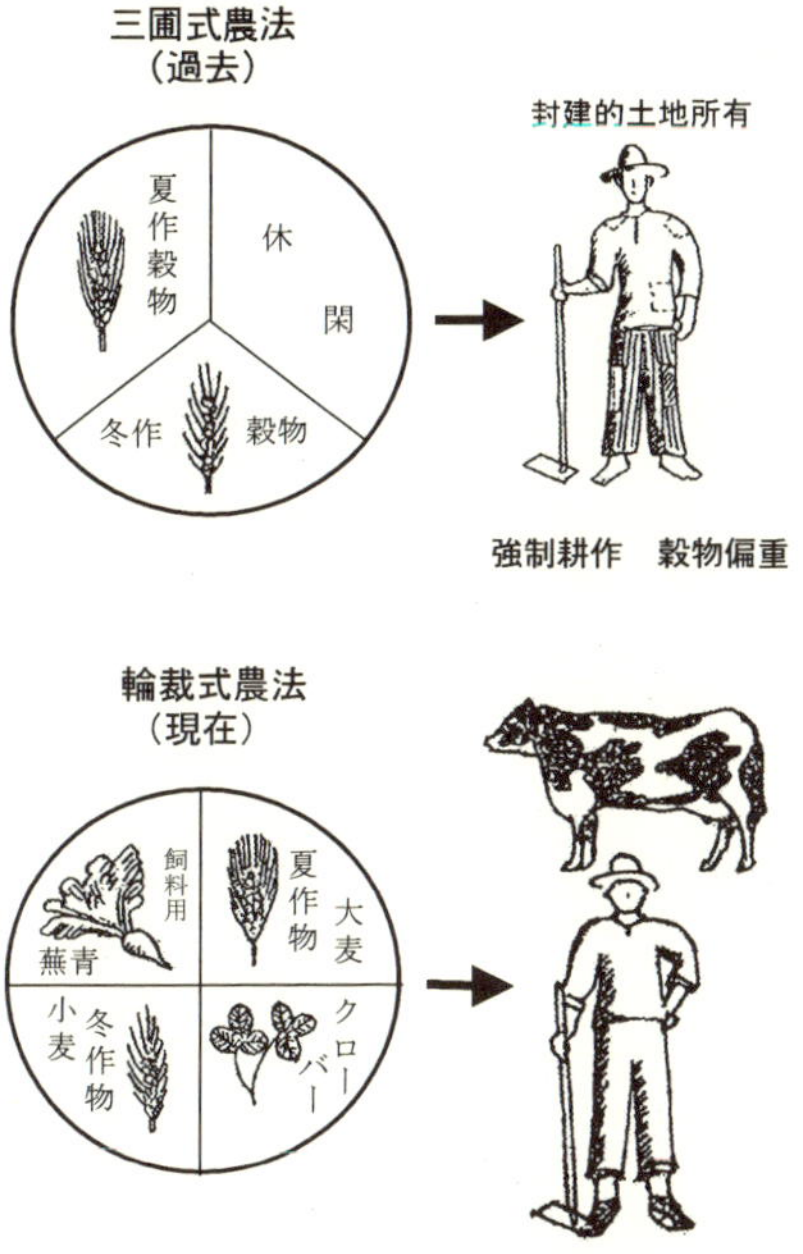

第１図　欧州における畑作農業の進歩

「彼等は一種の非社交的な動物だ。男と女、黒くてやせて、日やけがしている。彼等は農村におり、土地に繋がれていて、それを不撓の忍耐をもって掘り返している。彼等は何かごつごつした発音をなし、彼等がまっすぐに立っている場合には人間の顔をしている。実際それは人間なのだ。夜は巣窟にかえり、そこで彼等は黒パン、根菜及び水で生きている。」

欧州における土地革命は、このような弊風を一掃する前提条件であった。下からもりあがった農民の力によって、土地革命が徹底的におこなわれる時代がやってきたのであった。それとともに、偉い農業技術者があらわれ、農業がまったく若返ってしまったのだ。三圃式農法がすたれ、科学的輪作農業がこれに代ったのである。たとえば第1図に示したようなやり方がとりあげられた。

このやり方は、英国のノーフォーク地方がまずとりあげたという意味で、ノーフォーク式農法ともいわれる。畑を四分し、第一区には根菜類（かぶ）第二区には夏作麦（大麦）、第三区には豆科作物（赤クローバー）、第四区には冬作麦（小麦）といったぐあいで、交代交代に作付けするのが特色だが、この順序は科学的に吟味せられて組み立てられている。そしてこのような仕組みによって、用畜飼養の基礎も確立されたのである。

このような農業の変化は、英国では十七世紀の昔からはじまっていた。ドイツ、フランスなど西欧諸国では、ややおくれて十八―十九世紀ごろとりあげられた。封建色の濃厚な東欧では、この移行が一層おくれている。ロシャの如きは、二十世紀になってようやくできあがったのである。

註
本章のようなことを勉強するには、つぎの参考書を参照願いたい。
ブレンターノ著・東畑、篠原共訳…『農政学原論』
グラース著・菅菊太郎訳…『世界農業史』
ホロードヌイ著・吉澤孫兵衛訳…『ソヴェート農業の進歩とその指導者』
ウォリナー著・近藤義質訳…『ドイツ新経済圏の農業問題』
小松芳喬著…『封建英国とその崩壊過程』

3 日本農業変革の課題

日本農業と西欧農業とのちがいについて、だいたい二つの説明の仕方がある。アジャ農業の自然的特殊性を重視する人々の見方によると、この両者のちがいはとうてい克服しえないものであり、運命的にへだたった二つのもの(湿潤水田農業と乾燥畑地農業)である。ところが別の見方によると、両者のちがいは中世的農業と近代的農業との相違であり、発展のさきあとの相違である。日本の農業と西洋の農業とのあいだには、技術的発展の特殊性がたしかにある。この事実はもちろん見逃してはいけない。

しかし、両者のちがいというのは、決して永久に克服しえないようなものではない。発展のさき、あとという説明の仕方の方が、むしろ正しいといいたいくらいなのである。たとえば現在おこなわれているわれわれの水田農業と、欧州の三圃式農法とをくらべてみると、両者のあいだには本質的なちがいがある。とはいえ、なんと似通ったものをもっていることであろう。島崎藤村という作家は、かつて日本の農民についてつぎのような描写をしている。

「小さいお百姓なんてものは、春秋働いて、冬になればそれを食うだけのものでごわす。まるで鉄砲虫——食っては抜け、食っては抜け……」

この描写は、さきに紹介したラブルュイエールの言葉と実によく似ているではないか。そればかりではない。穀物に偏傾する耕作の仕方といい、固定的封鎖的な技術体系といい、領主的地主的耕作強制といい、そのほか耕地の交錯と分散等々、似通った点がたくさんある。つまり日本の水田農業は、西欧の十九世紀段階をいまだ抜けでていないのである。

欧州でおこなわれた農業技術革命について、カウツキーという学者は、つぎのように説いている。

「この革命は、農民のうちのめすような窮乏と、おしつぶすばかりの無知とによってなされてきたおきまりの仕事を、科学化してしまい、数世紀の長きにわたる農業の停滞を打破し、生産力の急速な発展に刺激をあたえ、また今なおあたえつつある。三圃式農法は輪作農法におきかえられ、家畜の飼育は改善され、土地の耕作は改良された。農業への機械の応用もはじめておこなわれ、急速に発展しはじめた。電力の応用もまたはじまった。道路の開通、植物の生理にかなった肥料の使い方も発展し、農業への細菌学の応用もまたおこなわれはじめた。」

日本においても、このような技術変革が問題なのである。

註　本章についての参考書をあげておこう。

フェスカ著…『日本地産論通篇』

ウィットフォーゲル著・平野・森谷共訳…『東洋的社会の理論』

カウツキー著・向坂逸郎訳…『農業問題』

川俣浩太郎著…『農業生産の基本問題』

櫻井武雄…日本農業の技術的進化過程（『理論』創刊号）

須永重光…日本農業における肥料の意義（東北帝大経済学会編『経済学九』一九三八年）

4　解答は水田輪作

なげかわしい三圃式農法にかわってノーフォーク式輪作農業があらわれたように、なげかわしい水田農業にかわって何が生まれるべきであろうか。

この答をだしていくためには、まず在来の水田農業を熟視しなければならない。日本の稲作農業は、すでに行き詰っているといわれておる。農業のやり方も、たしかに平凡である。先祖傳習の腕で、けっこうやっていける。一毛作田の稲連作、二毛作田の稲―麦の交代作付け、ともに平凡きわまるものであり、三圃式農法同様に、至って簡単なものである。私はかつて、その姿を一羽の鷺にたとえたことがある。一肢によって自らをささえ、しかも他の肢を佇立している鷺の姿、これが日本の稲作農業の真の姿である。日本在来の稲作農業は、単肢農業すなわち一本足農業である。したがって、前進しにくい農業である。

然らば、どのような農業がよいか。前進態勢の水田農業、すなわち両肢水田農業がよろしいわけである。両肢水田農業とは、一体どのような農業であろうか。この点について解答をだしていくためには、水田農業の内包するいろいろな条件を科学的に検討し、それによって解答のいと口をみつけなければならない。

この点について、私も多少勉強してきたのである。そして一応の成案をえたのだ。それなら、そのいと口とは何であるか。この点について私は、はっきり水田輪作とこたえたい。

水田輪作法の水田連作法に優越する理由について、わが国栽培学の権威野口彌吉博士は、つぎのように述べておられる。

「水稲栽培では、稲の生育期間の大部分または全部に灌漑をなすのが普通なので、土壌中でおこなわれる化学的の変化および微生物の繁殖は、主として空気のないところで、あるいは欠乏の状態でおこなわれる。学問上の言葉を用うると、還元の過程をとるものであるといってよいから、土壌にふくまれる物質の酸化――稲の生育に有害な物質が、酸化によって養分として利用されることが多い——は、すこぶる困難になるのが通例である。調査の結果から証明されたところによると、有機物の分解および土壌の化学的成分、とくにアンモニア態窒素の生成は不充分である。それ故たとえ充分に有機物をあたえ、窒素化合物をほどこしても、酸化がほとんどおこなわれないために、養分として稲に利用されないことになる。このことは、各種の肥料をほどこした場合に、とくにアンモニア態の窒素に対して稲が敏感であることからでもよくわかる。また、つねに水があるので、水性の雑草が繁茂して、除草に手間をくううえに、そのために収穫量が減ずる。このような理由から、水田の水を落して畑作をするか、または一時休閑の状態で放置するかは、土壌内の有機物を完全に分解させて、稲の吸収しやすいかたちの養分にするために、または雑草に対しては環境を変えて、その根絶を期する点——畑を新しく水田にすることも稲のためにはよいことで、灌漑によってあわせて畑地雑草の駆除もできるという一石二鳥の効果がある——で、きわめて有意義なことである。言いかえれば、水田ではかならず輪作をおこなわねばならないということになる。」

この説明をみても明らかであるように、湛水稲作というやり方には、いろいろの問題がある。有機物の分解、土壌肥効を阻止したり削減したりするばかりでなく、水田の土壌を年寄りにしてしまう。つまり土壌の老朽化を結果するのである。老朽化水田というのは、水田のつくられた頃、たくさん含んでいた鉄分や塩基の多い若い粘土が、長年湛水生活をすることによって、ある種の変化——これをポドゾリゼイションという——をうけ、鉄、マンガンをはじめ、石灰、加里のような重要な塩基、窒素、燐酸のような植物養分として欠くことのできない大事な元素をうしない、老朽化した粘土に変りはてたものである。

このようなおもわしくない結果をきたしたのは、湛水して稲を連作したためなのである。水田土壌は、湛水下という特殊の自然条件のもとにおいて老朽化していくのである。そしてある程度以上に老朽化がすすむと、いもち病常習水田となる。もっと病気がすすむと、いわゆる秋落ち常習水田となり、一番老朽化したものは根腐れ水田にまで落ちてしまうのである。

ところが、水田輪作をおこなうと、このような現象がなくなってしまう。このようなわけで、水田輪作というやり方は、稲の収量をふやすばかりでなく、稲の収量を安定化するものである。

また、雑草をなくするという作用によって、この効果は一層拡大される。そればかりではない。これによって、労力の配分もよくなり、しかも労力が軽減されてくる。今までの稲作だと、夏は草との戦闘期であった。あの湯の湧くような水田をはいまわる除草の苦しみは、とうてい都会の人々の想像もおよばないところである。新しい水田輪作農業のもとにおいては、このような戦闘を不用にしてしまうのである。

註　つぎのような参考論文を参照されたい。

野口彌吉…ソ連の稲作（『若い農業』第二巻第一号）

塩入松三郎…水田土壌の老朽化並にその改良法の研究（『農業及園芸』第二十巻第一号）

三井進午…水稲肥培の基礎（『村と農政』第九巻第三号）

第１表　イタリー、ソ連、アメリカ及び日本の稲作

（１エーカー当り収量の比較）

年次／国別	実　数（キンタル）				増　加　指　数			
	1909-1913年	1926-1930年	1931-1935年	1935-1939年	1909-1913年（基準）	1926-1930年	1931-1935年	1935-1939年
イタリー	32.8	47.0	49.8	53.5	100	143	152	163
ソ　連	11.1	−	17.7	23.0	100	−	159	207
アメリカ	17.0	22.5	23.9	25.1	100	132	141	148
日　本	30.7	35.7	34.5	39.2	100	116	112	128

（註）１エーカーは約４反24歩、１キンタルは約26.6貫

近藤頼己…水田経営と稲作の科学化（『科学農業』第二巻第八号）
鏑木豪夫…水田の中耕除草機（『農業朝日』第二巻第七号）

5　外国でおこなわれている水田輪作

イタリーの稲作は、土地生産力のたかい点で有名である。いま、『国際農業統計年鑑』によってこのかんの関係をしらべてみよう。（第１表参照）

これによると、日本では反当り二石しかとっていないのに、イタリーでは三石をこえている。しかも非常なテンポで発展していくことがわかる。この点について、イタリーは稲作によく適した、肥えた土地にだけ稲を作っているからだなどと説明する人もあるが、この答はあたっていない。日本でも地味や灌漑の非常によいところで、反当り三石以上をあげている地帯というと、ほんのかぞえるほどしかない。たとえば、岡山県の南部、佐賀県の平坦部、新潟県と山形県の一部――ざっとこのくらいのものである。

それなら、何が原因してこのような結果になったのであろうか。この点について、イタリー稲作試験場のノヴェロ・ノヴェリ氏は、イタリーにおける稲の収量のたかい

理由は、第一に稲を非灌漑作物と輪作しておるためだといっている。イタリーでおこなわれている稲作輪作体系の主要なねらいは、湛水によって悪変した土壌の物理的化学的条件を周期的によくすることにあるのだ。そして輪作の効果が、さきほどの数字に大きくあらわれていたのである。

輪作の型には、いろいろのものがある。一番代表的なのは、1稲、2稲、3稲、4小麦または燕麦と多年生牧草（そのうち、イタリーでもっともおおく栽培されているのはクローバーで、ルーサンがこれについでいる）の混播、5牧草、6牧草という形式である。

また、お尻を一回省略した1稲、2稲、3稲、4牧草、5牧草というやり方もある。草地を耕起して稲を作付けすると、収量はぐっとあがり、その影響が二年目、三年目にまでつづいてくる。これを平均数字で示すと、一ヘクタール当りの収量は、第一年目八トン、第二年目六トン、第三年目約四トンといったぐあいである。だから、まえの輪作をおこなうと、一輪作期間において、全圃場から毎年籾一ヘクタール当り三トン、乾草七・八トンをうることになる。また、あとの方法によると、一ヘクタール当り籾三・六トン、乾草六・二四トンという勘定になる。

単位面積当りにみて、稲をより多くとろうとする場合には、あとの方法がよく、これに反して稲も相当にとり、牧草もたくさん収穫して、家畜でも飼おうとする場合には、まえの方法もすすめられてよいわけである。

なお、そのほか1稲、2禾穀類（小麦、燕麦又は玉蜀黍）、3多年生牧草（クローバー又はルーサンとその被覆作物として小麦あるいは燕麦）、4牧草、5牧草というやり方もある。これは有畜経営にむくやり方だと思う。

このような輪作の仕方については、ソ連でも研究中である。例えばクラスノダール州、オルジョニキーゼ地方、あるいはロストフ州では、1稲、2稲、3稲、4牧草、5牧草といった五圃式水田輪作が、また、カザフスタン地方では、1稲、2稲、3稲、4禾穀類とルーサンの混播、5ルーサン、6ルーサンという方式、さらにウズベクスタン地方では、1稲、2稲、3稲、4牧草、5牧草（赤クローバー、シャブダル等の組みあわせ）が試験せられ、非常な成果をおさめている。なお、蔬菜類を輪作にとりいれるという点についても、同時に研究中である。

水田輪作による稲の増収、除草成果、水田転換畑における牧草収量については、のちほどのべる北海道のそれとだいたい同様の結果である。いま参考までに若干の例を示してみよう。

例一　カザフ共和国キジル・オルダ州スイル・ダリン区のメーデー名称コルホーズで、ルーサンの跡地をあらたに起耕した圃場の稲の平均収穫高は、一ヘクタール当り六〇キンタルであった。ところが旧来のままの圃場では、一ヘクタール当り僅か二七キンタルに過ぎなかった。

例二　ウズベクスタン試験所で、一九三九年度に豌豆のあとにつくった米の収穫高は六三・三キンタル、瓜畑のあとは六一・五四キンタルであったが、長期間輪作しない田では、同一量の化学肥料をほどこしても、約四〇キンタルの収穫にすぎなかった。なお、水田の雑草の数は、豌豆や瓜のあとでは一平方メートル当り八本にすぎなかったが、長期間にわたり輪作をおこなわない部分（五年間稲を連作す）では、一平方メートル当り一〇〇本以上の雑草を生じた。

例三　ウズベクスタン稲作試験所およびキジル・オルダ試験農場の試験結果によると、稲を三―五年連作した田に作付けした多年生牧草（ルーサンおよびクローバー）の収量は、一ヘクタール当りルーサン一年目三〇―三五キンタル、二年目六〇―六五キンタル（ほかに種子二・五―四キンタル）、クローバー一年目二〇―二五キンタル、二年目九〇―九五キンタルであった。

また、ア・ペ・ヂュライという人は、水田輪作と経営規模との関係を研究している。その結果によると、立派な水田輪作をおこなうためには、経営規模が相当大きくなくてはならないという結論になっている。すなわち、七五―一〇〇ヘクタールという比較的大きな圃場では、五圃式輪作、たとえば、1稲、2稲、3稲、4の半分は多年生牧草（クローバー）、あと半分はおそまきの園芸作物、5の半分は二年目の多年生牧草、残りの半分ははやまきの園芸作物といったやり方がすすめられる。そしてこの順番は、輪作が一順するまでつづけ、二回目には多年生牧草をつくった場所に畑作物をつくり、園芸作物のあとに牧草をつくるようにする。なお、畑作物区には、おのおの経営の必要次第で全部多年生牧草をつくってもよく、園芸作物ばかりにしてもさしつかえはない。

稲作面積七五ヘクタール以下のコルホーズ（共営農場）では、三圃式輪作すなわち1、2区は稲、3区はクローバー又は裸地休閑、あるいは晩秋に耕し、緑肥としてルーサンをまく休田といった組みあわせで結構である。腐植土のすくない比較的軽い土壌で、七五ヘクタール以下の小面積に播種する時は、二圃式輪作を応用し、二年ないし三年間稲を作り、それと同一の年数だけ牧草をつくるというやり方も考えられる。この輪作法の欠点は、二年ないし三年（牧草および稲を交代せず継続的に栽培した長さによってこうなる）を経過したのち、全牧草地を耕して稲を栽培し、また稲のあとに牧草をまくこと、すなわち牧草の全面積に播種せねばならぬという点にある。第一年度には、牧草の収穫高はつぎの年と比較にならぬほどすくない。そして小経営にとって、各年度毎に飼料の収穫がこのように不平均になるということは相当の痛手である。その上、ある年には稲は牧草のあとにまき、つぎの年には稲のあとに稲をまくということになると、年によって肥料費にむらができてくる。だからこの輪作法は、稲作にわりあてられる耕地が狭小にすぎ、二ヵ所以上の灌漑地域をもうけえないか、又はもうけることの不合理な場合のほかは応用すべきでない。

最後にアメリカの水田輪作についてのべよう。アメリカでは、従来水生雑草が繁茂し、生産量の低下が目立ってくると、休閑という処置をとっていた。たとえばカリフォルニャ州では、ところどころつぎのようなやり方をおこなっている。

1休閑、2稲、3稲又は小麦、大麦、4稲

ところが、最近土地使用能率をたかめ、生産力を向上させようというわけで、本格的な輪作の仕方が考えられてきている。本格的な輪作というのは、土地を乾かし、クローバー又は大豆をいれるというやり方である。後者については、クローレイの稲作試験場がとりあげて成功している。いま、大豆との輪作の場合と、稲単作の場合とに分けて、稲の収量を比較してみると第2表の如くである。(なお、稲と大豆の作付け交替をおこなったところでは、大豆の刈り跡の残体をすきこんでいる。)

このような土地の使い方によって、土地生産力はどんどんあがっている。昨今の報道によると、カリフォルニャ

第２表　クローレイ試験場における輪作水田の成果

栽培方法	稲の平均収量（１ヘクタール当り kg） 1913-1918 年の平均	1919-1923 年の平均	1913-1923 年の平均
稲と大豆の作付け交替の場合	2,578	2,780	2,670
1908 年より稲の単作をおこなった場合	1,637	1,098	1,392

第３表　アメリカ稲作における１エーカー当り収量の発展

年次	１エーカー当り収量	年次	１エーカー当り収量
	ブッシェル		ブッシェル
1904	31.9	1920	39.8
1905	28.1	1921	39.7
1906	31.1	1922	39.6
1907	29.9	1923	38.0
1908	33.4		
		1924	38.9
1909	33.8	1925	38.6
1910	33.9	1926	41.2
1911	32.9	1927	43.4
1912	34.7	1928	45.1
1913	31.1		
		1929	47.2
1914	34.1	1930	46.7
1915	36.1	1931	46.5
1916	47.0	1932	47.3
1917	35.4	1933	46.8
1918	34.5	1934	49.0
1919	39.9		

（註）１ブッシェルは約１斗９升５合（アメリカでは約 35.24 リットル）

最大の水田（集団の大きさは二千五百エーカーにおよんでいる）をもつＳ・Ｂ土地会社では、反当り六石という成績をだしたそうである。普通の経営でも、三石の線にせまってきている。生産力向上テンポのめざましさについては、第3表を参照せられたい。この表は、アメリカ農務省『農業年鑑』によって作成したものである。

なお、カリフォルニヤ州で、稲と玉蜀黍および綿花の輪作試験がおこなわれたことがあるが、これは成功しなかった。

註　つぎのような参考書を参照せられたい。

ブランケンブルグ著・高山洋吉訳…『米』
ア・ペ・ヂュライ著・欧亜通信社訳編…『ソ連邦の稲作』
小原謙一著…『ソ連の農業技術』

吉岡金市著…『新農法の理論と実際』
野口彌吉…ソ連の稲作(『若い農業』第二巻第一号)
吉岡金市…ソ連邦の稲作技術(『農業日本』第二巻第八号)
小林久子…アメリカの米作(『日本農業研究所報』第一巻第一号)
山田三郎…加州の米作り(『農業朝日』第二巻第二号)

6 水田輪作についての反対意見

水田輪作をわが国でもとりいれよというわれわれの主張について、いろいろの反対意見がでるだろうと思う。いままで、多くの学者はつぎのように考えていたようだ。稲は単作でよい。そして単作のできるということこそ、この作物の長所なのだと。たとえば、矢島武氏はその著『北方農業の性格』の中で、だいたいつぎのように説いておられる。

「水稲はその土地が米作に適合するかぎり、もっとも有利な作物であった。……のみならず、水稲はもっとも連作可能の作物であり、またいったん造田した土地を畑地に還元することは、多くの損失をともなう故に連作の傾向がどうしても強いのである。……前述したように、米作が単作、連作化する傾向があり、しかも労働の需要が集約的である結果、他種経営たとえば酪農の如きものと結びつきにくい。すなわち他種経営形態と統合し、相補充しあうよりは、たがいに排除しあう性質をとることが多いのである。」と。

この見解が俗論であるということは、今までの説明によって既に明かである。またある人々はつぎのようにいっている。「水田の一部を畑に転換するということは、水利の関係上不可能だ。畑の方にもすぐ水がしみこんでしまうだろう」と。

この点について、ア・ペ・ヂュライ氏はつぎのようにのべている。

「各試験場のこれらの統計資料によると、稲作地は一定の輪作をなさねばならぬ。稲作地をもうける際には、おのおの輪作の圃場間の排水網を適当に予定し、周囲の水田から畑へ水がしみでぬようにせねばならない。」

水田を計画的に整理し、主水路、配水路、集水路、排水溝、畦の配置、傾斜度、一枚の区画面積を適当ならしめることなどによって、問題は全面的に解決することができる。

これは、イタリーでも、ソ連でも、アメリカでもやっている。それぱかりではなく、日本でも、北海道ではやっている。事実は最後の言葉である。

このような転換がむづかしく、畑に水がしみていく畑にならないというのが事実であるとすれば、水田は常に水田であり、固定しておらなければならない。ところが、実際はそうではないのであって、水田→畑という転換がおこなわれていたのである。第４表を参照せられたい。

この場合、つぎのような対策を考えると、絶好の成績を期待することができる。

一、転換畑と水田との間には、少くも一間幅の境界をもうけ、その両側に排水溝をもうけること。そして転換畑側の排水溝をやや深くし、なるべくこれにすべての排除水が流入するようにする。

第４表　わが国における田畑型横転の現象

年　代	田を畑に	年　代	田を畑に
	町歩		町歩
昭和１年	1,020.2	昭和 11 年	7,538.8
２年	1,649.9	12 年	1,567.9
３年	1,837.3	13 年	1,000.5
４年	9,492.9	14 年	979.4
５年	2,177.4	15 年	1775.3
６年	2,018.4	16 年	2,602.3
７年	1,515.6	17 年	3,104.7
８年	4,991.8	18 年	2,163.4
９年	3,922.7	19 年	4,486.8
10 年	3,754.8		

（註）農林統計表による。なお、昭和 17 年１月１日におこなった『状態別耕地に関する調査』（帝国農会編　昭和 18 年刊）によると、「以前水田であった畑」は全国で 30,753.1 町歩という。

二、排水溝は少くも地下水以下に低下するよう掘っていくこと。

三、排水溝の設置方法はつぎのようにする。

(イ)　吸水渠は、なるべく暗渠にするのがよいが、事情により、明渠と暗渠とを交互に掘ってもよい。間隔は一〇—十五間、深さ三尺、勾配は三〇〇分の一、延長三〇—五〇間とすること。

(ロ)　集水渠は、暗渠としても明渠としてもよいが、深さは三尺五寸—四尺、勾配は五〇〇—六〇〇分の一とすること。

(ハ)　水閘または堰止めを適当な箇所にもうけて、地下水の調節を便ならしめること。

四、地盤の変動しやすい泥炭地には、暗渠排水をみあわせて明渠排水をもうけること。

五、転換畑の付近に灌漑溝の通ずる場合は、畑地との間に深さ四尺以上の明渠を掘ること。
六、小畦畔をとりのぞくこと。
このやり方を準用して、水田輪作型水利設備をほどこせばよいわけである。

註　もっと詳しく調べたい方は、つぎの参考書を参照されたい。
ア・ペ・ヂュライ著・欧亜通信社訳編…『ソ連邦の稲作』
北海道農業教育研究会編…『北海道農業大宝典』
井口賢三…家畜飼料上の諸問題（『畜産の研究』第一巻第一号）

7　水田輪作法の諸分類

水田輪作法という着想は、耳新しくひびくかもしれない。しかし、明治の昔、伊藤清蔵博士がこれにふれておられる。博士は明治四十一年、名著『農業経営学』をあらわされたが、その第二篇「農業組織」第一章「農業組織の汎性」第一節「耕種組織」第一項「田作法」の段で、つぎのように説明されている。
まず、田の作り方には四つの方法がある。すなわち1普通連作法、2輪換作法、3緑肥連作法、4変換連作法がそれである。このうち、前二者は一毛作田に関係するものであり、あとの両者は二毛作田に関係するものである。この順序で説明しよう。1の普通連作法について、博士はだいたいつぎのように述べておられる。

「普通連作法は、日本にてもっとも広くおこなわれている方法である。わが国にては、米は他の作物よりも主要食糧として特に尊重せられ、普通人民はこれがなければほとんど生活することができないという観念をもっている。したがって、その価格は他の作物より貴く、これを土地の同一面積について見るに、比較的多くの収益をあげうるのみならず、集約的農業法をおこなう場合には、又他の穀作物よりも多くの粗収入をあたえ、人口の稠密なわが国農業にもっとも適し、且ついわゆるいや地病にかかるようなことがないために、一般に連作せられる。然しながら、連作法は農業組織としては元来あまりに偏頗なる方法であって、第一に労働の不平等な需要をきたし、第二に地力の比較的大なる人工的維持を要し、第三に有害動植物の比較的容易な蔓延をたすけ、その上田の農業用地をも相当多くの米作の犠牲とする必要がある故に、もし他に善良な作法があれば、自分は場所により多少これを変化するところの試験をしたいと思う。

そこで、他の善良なる方法、つまり2の輪換作法が問題となるのである。この輪換作法について、博士はだいたいつぎのように説明しておられる。

「輪換作法はすなわちこの希望をみたすべきものであるが、日本にてはいまだおこなわれていない。イタリーの北部にあっては、これに反して往々おこなわれ、ポー河付近の土地排水灌漑の利便おおきところにこれをみうける。日本は前述せるように、国民栄養の関係はイタリーと異るから、自分は一概にイタリーに準ぜよとは主張しない。しかしつぎの如き試作を、わが東北および関東地方に施行した場合、如何なる結果を生ずるかは、ひとつの興味ある問題である。但しこの試験に向っては、排水のもっとも完全なる田地をもちいることが必要である。

第一法＝一年目稲、二年目稲、三年目稲、四年目大麦および大豆。

第二法＝一年目稲、二年目稲、三年目大麦および大豆。

第三法＝各年稲と大麦および大豆との輪換。

もし上記の如き輪換作法にして、粗収入および純収入の高が、稲作普通連作より少くない場合には、自分は理論上、下層土の利用、風化作用の促進、有害動植物の蔓延の防止等にむかって、普通連作法よりも容易であるから、これを実行した方がよいと思う。

まことに卓説といわなければならない。

つぎに、二毛作田については、普通連作法、緑肥連作法および変換連作法の三つが問題となる。このうち、普通連作法ははなはだ例外的なものと考えられる。この点について、伊藤博士は大要つぎのようにのべておられる。

「普通連作法とは、一年間に二回の稲作を同一の水田に行うものであって、わが国にては気候の関係上、これをおこなうことができない。台湾、南清、印度等の諸地方においてはこの方法が多少おこなわれている。その農業組織としての価値は収益を増加する点にあるのだが、肥料を要することが特におおく、且つ一毛作田における普通連作法と同じく、諸種の不利益なる条件を包含しているという欠点がある。」

表作に稲をつくり、裏作に麦をいれるという作付けの仕方は、わが国二毛作地帯において数おおく見受けられる。このようなやり方について、伊藤博士は変換連作法の一種として説明しておられる。しかし、変換連作という作付け法のねらいは、実は輪作効果にあるのである。であるから、変換連作法をあらためて、変換輪作法と呼ばなければならない。そして緑肥連作法（裏作として毎年緑肥をつくるという意味からこう呼んだのだろうが、正しくは緑肥輪作法と名付くべきだと思う）というものも、このような変換輪作法の一内容に過ぎないのである。

そこで、問題はこうなると思う。いったい稲（表作）、麦（裏作）という作付けの仕方は、輪作と呼ぶべきものなのであろうか。この点については、いろいろの説があると思う。「輪作とはいったい何か」、これがまず問題だ。アメリカの一九三八年刊『農業年鑑』の「土と人」によると、大要つぎのように説かれている。

「輪作とは、同一の土地に、多種の作物を、規則的に交代交代に作付けする循環式耕種法である。これは単作（連作）式、又は機会主義的な、計画性をかいたいきあたりばったりの作物交代方式の農業とはまったく異っている。」

この定義によると、稲―麦の作付けは、輪作のようにもとれるし、またそうでないようにも考えられる。いったいこれは、どう解釈すべきであろうか。この問題を解決する鍵は、輪作効果にあると思う。その輪作効果が、積極的に確認せられるかどうかが問題である。輪作効果のおもな内容はつぎのようなものである。

(1) 土壌の物理的状態を良好にし、これを維持する効果。
(2) 土壌に有機物および窒素を供給することを持続化するに役立つ効果。
(3) 農場の自給肥料および化学肥料を善用する実際的な手段をあたえる効果。
(4) 土地をあかせず、作物を植付けせしめる余地をあたえる効果。
(5) 作物の根が、土壌中の養分を吸収して利用する場合、その吸収範囲について位置が変化するという効果。
(6) 有毒物質の発生をさまたげる効果。
(7) 相手作物の性質を改善する効果。
(8) 作物の病虫害を抑制する効果。
(9) 雑草を抑制する効果。
(10) 土壌の侵蝕を抑制する効果。
(11) 労力の分配を合理化する効果。

稲―麦という作付け方式については、いろいろの研究報告がある。そして両者の関係は、積極的なものでないことがわかっている。野口彌吉氏、吉岡金市氏、岩片磯雄氏等の著書などで、稲と麦との輪作という言葉がしばしば見受けられるが、実際には積極的な輪作効果はあらわれない。三圃式農業を三圃輪作農業といわず（ウォリナーの名著『小農経済論』を訳した近藤義質氏だけは例外である。三圃輪作とか強制輪作というような迷訳がでている。全体主義的立場をとると、明言されて表題を『ドイツ新経済圏の農業問題』と改称した方の訳だから致し方がないが）、三圃式農業と輪作農業とを対比して理解するのが正しいように、米単作または米麦式交代作付け方式も水田輪作と対比して理解すべきものである。

こんなわけで、稲―麦の作付け方式もまた、普通連作式の範疇にいれて理解すべきものだと思う。

つぎに問題となるのは、3の緑肥連作法である。これはさきにものべたように、緑肥輪作法と名付くべきものであり、つぎに説明する変換連作法（正しくは変換輪作法）の内容となるべきものである。緑肥輪作法について、伊藤博士は大要つぎのようにのべておられる。

「緑肥連作法は、まえの耕種組織にくわえるに、米作のために緑肥の加作をするだけなれば、いちじるしく耕種法を改良するわけにはいかない。ただ農家は、これによって、空気中の窒素と、下層土の土地養分を、普通の連作よりもおおく利用しうる利益がある。ただし、今日の学説によれば、緑肥はこれをただちに、地中にすきこむ場合と、これを一度動物に食べさせて然る後に施用する場合とにおいて、その養分利用の割合は大差がないのみならず、後者の場合は却って、肥料分を溶解しやすいかたちにかえ、且つこれに他の藁稈類を踏み肥として付けくわえることができるために、むしろ肥料の量をおおくすることができる。故にわが国の紫雲英の如きは、できるだけこれを一度刈り取って乾草となし、飼畜の用に供し、これによって厩肥をえて、それを水田に施すのがよい。この場合においては、紫雲英の利用を、たとえ一年おくらせるとも、二重の利益をうるわけであるから、農家経済を助けることは甚大であろう。ドイツなどでは、この説がさかんに唱導せられた結果、従来一般におこなわれた緑肥の直接すきこみは、ぜんじ減少しつつある。」

しかし緑肥輪作法は、米作に対して画期的な影響をあたえるものではない。その意味で、正規の水田輪作法とはいえないと思う。けれどもこの方式は、飼畜の基礎となりうるものであり、水田有畜農業を定立せしめうるという意味から、注目すべきものと考える。

変換連作法のうちで、稲—麦式作付け方式を除外すると、4の変換輪作法と名付くべきものが残る。この点について、伊藤博士は大要つぎのようにのべておられる。

「変換連作法は、二毛作田の普通連作の場合における第二作目の耕種に稲以外の作物を耕種するものであって、そのもっともおおくつくられるものは、大麦および菜種である。これらの作物は、多少稲と異る肥料分を吸収する故に、地力を休め、且つ冬期の労力を利用せしむる等の効果があることは明かであるが、ともに養分を要することがおおい作物であって、普通連作の章において自分が一言したような害は、同じくこの耕種法におこりやすい。故に、この耕種法を利用する場合には、第二作目の作物を、なるべく輪換法によって変換して、地力を休養させる機会をあたえるようにした方がよいと思う。したがって、紫雲英を転換法中にとりいれて、空気中の窒素を獲得活用するなどは、もっとも適当なる方法である。」

種別	第一作目	第二作目
第一年	稲	紫雲英
第二年	稲	大麦
第三年	稲	菜種

変換輪作法の、水田農業におよぼしうる影響力もまた、緑肥輪作法程度のものと推定せざるをえない。輪作効果をたかめていくためには、表作の稲を、一時中断する方式をとるべきだと思う。伊藤博士はこの点については言及しておられないが、私はこれが正規の水田輪作だと考える。

以上の検討によって、われわれはつぎのような結論に到達しえたと思う。すなわち水田の利用形式には、だいたいつぎの四法が考えられる。

一、普通連作法

水田に稲その他の穀物を連年作付けする方式。

二、一毛作型正規輪作法

伊藤博士のいわれる輪換作法に相当するやり方。

三、二毛作型単純輪作法

表作の稲をくずさず、裏作によって輪作効果をねらうやり方。

四、二毛作型正規輪作法

表作の稲も一時変改し、輪作効果の向上を意図する方式。

もちろん、右の分類は米作を主眼として作成したものである。稲をやめた（稲のあとにはいるものも若干あるが）水田利用の仕方として、桑、梨その他の果樹および杞柳《こりやなぎ》のような灌木、蓮根、藺、七島藺等の栽培が若干見受けられるが、ここではこういったものは除外して考究を進めたい。

註　つぎのような参考書を参照せられたい。

伊藤清藏著…『農業経営学』

佐藤寛次著…『日本農業通論』

野口彌吉著…『栽培言論』

吉岡金市著…『水稲の直播栽培に関する研究』

岩片磯雄著…『食糧生産の経済的研究』

吉岡金市…稲直播法と輪作の合理化（『農業朝日』第二巻第一号）

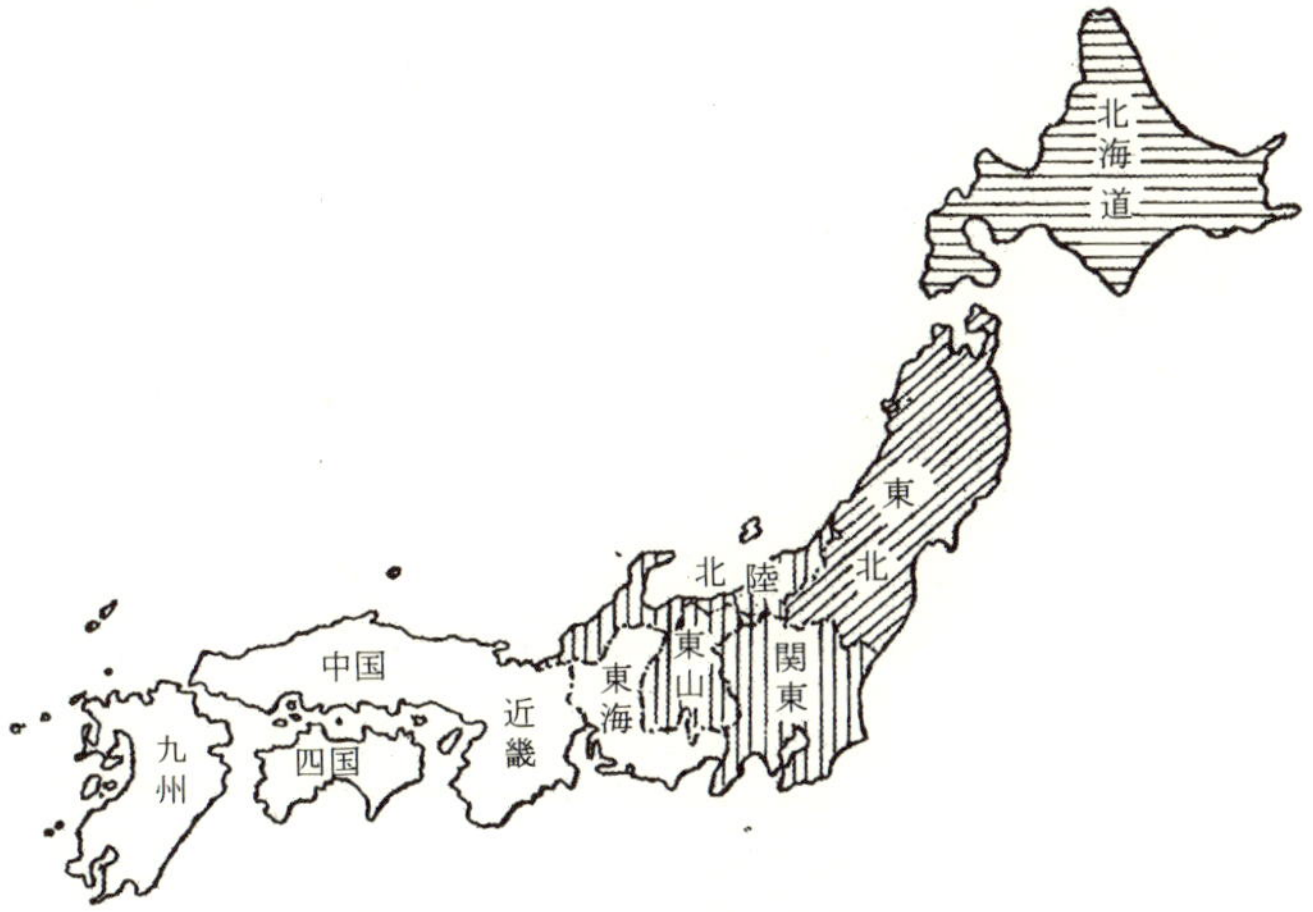

第2図　日本における稲作地帯の区分図

8　水田利用の現況

現在わが国には、三百万町歩ほどの水田がある。そうしてその五五―六〇％ほどが一毛作田であり、残りすなわち四〇―四五％ほどが二毛以上作田である。裏作がおこなわれているかどうか、また、何がつくられているかという見方によって、われわれは稲作地帯を区別することができる。ここでは大雑把につぎのように分けて説明しよう。（第2図参照）

一、水田一毛作地帯　　北海道区

二、水田一毛作および緑肥裏作地帯　　東北区

三、水田一毛作半地帯　　関東区、北陸区および東山区

四、水田二毛作地帯　　東海区、近畿区、中国区、四国区および九州区

第一の地帯は、水田がかろうじて一毛作しかとれない北海道地方である。この地帯では、二毛作田は僅か一―二％程度のもので

あって、ほとんど米一作、これを毎年つづけているわけである。つまり普通連作法を毎年つづけているのである。

第二の地帯は、水田一毛作と、それから裏作としては麦類のようなものは充分とれないが、緑肥作物たとえば紫雲英のようなものはかなりとれるという特殊な一毛作半地帯のことであって、東北六県がだいたいこれにあたっている。しかしこの地帯では、ほとんど裏作を遊ばせている。全水田の五％ほどに裏作がはいっているにすぎない。すなわち米一作の普通連作法をおこなってるのが九割五分、稲—麦式普通連作法をおこなっているのが二分、緑肥輪作法をおこなっているが三分、こういった具合である。

第三の地帯は、水田と裏作とで一毛作半の地帯、すなわち、水田は一毛作は完全にとれるが、その全面積に裏作を完全にいれることはできない地帯である。たとえば関東区（関東地方一都六県）、北陸区（新潟、富山、石川、福井の四県）、東山区（山梨、長野、岐阜の三県をあわせて東山区というが、岐阜県は二毛作地帯にいれる）がこれに該当している。一毛作田は六—七割、他は二毛作田である。一毛作型普通連作法をおこなっている水田は、六〇—七〇％程度である。また、稲—麦式普通連作法をおこなっている地積は二〇—二五％、その他が緑肥裏作区と見てよい。もっとも、この地帯にすすむと、稲（夏作）—馬鈴薯（冬作）—稲（夏作）—麦又は馬鈴薯（冬作）という方式がでてくる。戦争前でも、栃木には水田の二〇％、群馬には同じく四％、埼玉には一〇％、新潟には一％、福井には十四％、長野には七％、この程度はいっておった。これに対して、新潟、富山、石川の三県は、紫雲英裏作のもっとも盛んな場所であって、裏作の九割は緑肥作物で占められている。

最後の第四の地帯は、表作、裏作ともに充分にとれる地帯であって、日本の水田地帯のうちでも、もっとも気候のいい、地味にめぐまれた地帯である。東海(静岡、愛知、三重の三県)、近畿(二府四県)、中国(五県)、それに四国と九州、以上がだいたいこれに該当するのである。この地帯では、一毛作田は二割―四割にすぎない。つまり一毛作田普通連作法すなわち稲(夏作)―休閑(冬作)というやり方をやっている水田は、全体の二〇―四〇%にすぎないのである。

なお、高知県および熊本県の一部では、水稲の二期作がおこなわれているが、いろいろの無理が指摘され、その存廃が問題となっていることは、よくご承知のとおりである。また、緑肥裏作は、裏作田全体の一〇―二〇%程度あり、稲―馬鈴薯式裏作および稲―蔬菜式裏作その他が一〇―二〇%程度ある。すなわち、裏作の大半(六〇―七〇%程度)は麦に集中せられているのである。もっとも、愛知(水田の六七%ただし戦争前)福岡(七三%)、岡山(三〇%)などでは、馬鈴薯作が盛んである。

以上を概括すると、つぎのような結論がでてくると思う。現在、一毛作田というものは、だいたい水田の六割ほどである。すなわち一毛作田型連作法のおこなわれている地積は、水田の五五%―六〇%程度といってよいと思う。つぎに、稲―稲又は稲―麦型の連作法がおこなわれている二毛作田の地積は、約三〇%程度である。これを合計すると、全水田の八割五分ないし九割が普通連作田であるとみてよい。さらに、二毛作型単純輪作法(その大部分が緑肥輪作であった)の施行田は、一〇%ないし一五%とみてよく、正規輪作法施行田は、ほとんどない。そういう実情である。わが国従来の水田農業は、いまのべたように固定した穀物に偏傾した農業であり、家畜を採用する余地のない農業であった。

註

なお研究したい方は、つぎのような参考書を参照せられたい。
岩片磯雄著…『食糧生産の経済的研究』
梶原子治…高知県における水稲二期作存廃問題の帰趨（『帝国農会報』第二六巻第八・九・十号）
鈴木徳彌…麦作とそれを阻むもの（『農業評論』第一巻第三号）
本岡　武…本邦馬鈴薯作の分布型と地域性（『農業と経済』第十二巻第二号）

9　普通連作水田農業の由来

今までのべてきたとおり、日本の水田農業はいたって窮屈な、前進性にとぼしい技術体系をそなえているのである。このような農業を強制したのは、いうまでもなく地主的土地所有制である。水田小作契約の形態は、圧倒的に物納であった。しかも、徳川幕府末のそれとほとんど差異のない程度の量を取り立てられているのである。この点については、第5表および第6表を参照願いたい。

而してこのような形態は、つぎのような意味をもっている。

一、小作農が経済的に独立していないで、地主に従属していること。

二、もっともたかい現物納入の契約ができているために、不作年には地主の温情にすがって減免してもらうというような慣行がつくられること。

三、商品生産とか貨幣経済などから除外されること。

第５表　わが国農業における小作契約の形態

	調査小作地	物　納	代金納	金　納	その他
畑	920 千町歩	47.3%	9.9%	42.6%	0.2%
田	1,667 千町歩	91.7%	7.4%	0.8%	0.1%

（昭和 16 年 7 月調）

第６表　普通田実納小作料の変遷

	調　査　者	反当収量	実納小作料	小作料の割合
		石	石	%
幕　末	小野武夫	1.810	1.170	64.6
大正元年	農商務省	1.855	1.027	55.4
大正10年	農商務省	2.038	1.083	53.1
昭和６年	日本勧業銀行	2.180	1.030	47.2
昭和11年	農林省	2.124	1.018	47.9

四、自由に耕種を選択することができないこと。

水田においては、小作地がおおく、したがって小作農がたくさんいるわけである。また、自作というものも、近代的の独立自営農民ではない。自作の或ものは小作に非常に近く、他のものは地主に結びついている。零細農制ができあがった事情は、すでに「水田農業の行き詰り」の章でのべたとおりである。これを要するに、わが国の水田経営は、一寸法師的な性格を多分にもっているのである。水田の規模がいたって零細なのである。この点については第７表を参照願いたい。

それればかりではない。このような零細耕作地は、驚くほど各地に分散しているのである。第８表を参照してもらいたい。この表は、昭和十六年度帝国農会発行の『適正規模調査報告』によって作成したものである。

次ページの表によると、耕地一町歩につき、田においては四―六ヵ所に分散している計算となる。しかも耕作規模の小さいほど分れ方がひどく、五反未満の農家では、十ヵ所ばかりに分散している。こんな具合であるから、稲の普通連作といった程度では、とうてい食べていけない。そこで、必然の結果として農家は畑地の獲得に一生懸命になるのである。畑地を見

第7表　米作の大いさによって分けた農家の構成

（昭和21年4月）

米作付面積	米作農家数	全米作農家に対する割合
	戸	%
1反未満	392,955	8.10
1反－2反	555,538	11.45
2反－3反	579,095	11.93
3反－4反	574,663	11.84
4反－5反	505,064	10.41
5反－6反	766,668	15.80
7反－1町歩	686,254	14.14
1町歩以上	793,379	16.35
合計	4,853,616	100.00

第8表　田畑別各1町歩当りの分散地区数

地帯別	田作地帯		畑作地帯		養蚕地帯	
調査戸数	21,306戸		1,905戸		7,263戸	
田畑別	田	畑	田	畑	田	畑
5反未満	9.0	19.3	9.9	11.4	10.4	12.9
5反－1町	6.9	14.6	9.4	6.7	8.3	9.4
1町歩－1町5反	5.4	11.5	8.3	4.8	6.5	7.2
1町5反－2町歩	4.4	9.4	7.5	3.8	5.6	5.7
2町歩－3町歩	3.1	6.6	6.2	2.7	4.3	4.3
3町歩－5町歩	2.3	6.2	4.5	1.9	3.7	2.7
5町歩以上	1.4	4.7	3.1	1.1	2.2	1.4
農家平均	4.6	10.3	6.6	3.4	6.4	6.8

つけて養蚕をやったり、甘藷を作って生計を維持しようと努力するわけである。しかし、水田は集っており、その外辺に畑を見つけなければならないから、自然と畑の分散の仕方は一層ひどくなってくるのである。この点は、田作地帯の畑の分れ方について特に注目していただきたいと思う。

こんなわけで、田も畑も合理的に経営することはできない。特に水田農家の畑作などは、いたってお粗末なものである。この点については第9表をみていただきたい。

このような田畑兼営と養蚕とのくみあわせにくわえて、藁加工でもやっていたのがいわゆる水田多角化の実相である。こんな程度の無機的多角化、つまり血のかよわない多角化によって水田農業が発展する道理はない。狭苦しい水田には、多くの労力と金肥が投ぜられてきている。しかしこのようなものの集約化は、すぐ限界に達してしまうのである。今までは、どうやらこうやら反当収量だけ（人力は無駄に使い労働効率は低いものであった）は若干高めえてきたが、それももう行き詰ってきているのである。この点については、もう一度第1表をみていただきたい。

米はこんな状況であるから、裏作を何とかしたい。裏作をよくやりぬくことによって、経済をよくし、また、表作である稲作をも向上させたい。こう思うのは、すべての農民の人情である。ところが地主は、だいたいにおいて裏作を喜ばない。稲作を安全にやって、米の物納を完全にやってもらえばそれでよかったのだ。裏作をやると一度水を落さなければならない。その結果、表作の水は不足しないだろうか。こういった点に主要な関心があったわけである。人工灌漑設備を充実することに関心をもたぬどころか、このような意味で裏作化を阻止しようとしたのである。裏作の可能な地帯でありながら、ぜんぜん裏作をやっていないのは、このような土地関係に根ざすものが多かったのである。

なお、二毛作を許容する場合も、もちろん無料であるわけはない。だから裏作をおこなえば、それだけ小作料は高くなるわけである。こんな具合だから、裏作をやるものは自然ときまってしまうのである。つまり稲―麦の交代作という固苦しい農業をやることになるのである。その結果、いろいろの無理がでてくる。

第9表　耕地利用を中心とした米作農家の業態

（昭和21年4月）

	米作農家数	全米作農家に対する割合
	戸	%
米だけ	178,893	3.69
米と麦	383,292	7.90
米と甘藷	26,888	0.55
米と馬鈴薯	184,561	3.80
米と麦と甘藷	553,016	11.39
米と麦と馬鈴薯	424,520	8.75
米と甘藷と馬鈴薯	160,552	3.31
米と麦と甘藷と馬鈴薯	2,941,894	60.61
合　計	4,853,616	100.00

第一の無理は、稲作と裏作麦との労働力のせりあいということである。

第二の無理は、表作に対する麦の影響の問題である。ご承知のとおり、麦類は深根性であって、吸肥力が強く、しかも結実をよくするために、成熟期間に肥料を全部吸収しつくす必要があるのである。そのために、後作の稲は悪影響をうけ、収量が減少するのである。もっとも、品種によってこのような影響力は異なるのであって、小麦「農林九号」の如きはほとんどその心配がない。しかし、とにかく、表作と裏作との関係は消極的なものである。

第三の無理は、収益の問題である。じゅうらい、裏作の麦は俗に「作《つく》り得《どく》」といわれている。しかし、必ずしもとくになってはいない。麦の価格は必ずしも有利に動いてはいない。しかも麦は、国際的商品として典型的なものである。米の場合と事情がちがい、質のよい、やすい麦を輸出することのできる国はたくさんあるのである。だから、こんご世界経済の再開を予想するにあたって、一番心配になるのはこの裏作麦のことである。

もちろん、米についても心配はあるが、わが国の米は良質であり、反当収量も少くない。稲作の生産力を上昇する道については、既に自信のある解答もできあがっているのである。私の提唱している水田輪作・水田酪農法がそれである。

第四の無理は、農民の食生活におよぼす影響である。この点は、一毛作地帯の水田農民についても同様であるが、穀物に生産が偏傾する結果、米作農民の栄養はおおむね不良である。

このようないろいろの無理を改めるためには、稲—麦式連作法を修正しなければならない。(稲二作式農業についても同断である。) 結局、正規輪作法や単純輪作法をとりいれていかなければならないのだ。一毛作田連作法についても、問題は同断である。このようなことを、何故に申しあげるか。それをときほぐすために、つぎに水田輪作法の顕著な効果について、順をおうて説明していくことにしよう。

註　この章に関係の深い参考書をあげておこう。

東畑精一著…『米』
小池基之著…『日本農業と水田』
林　俊一著…『農村医学序説』
廣野正一…開拓地営農の協同化（『科学農業』第二巻第八号）
小池基之…水田と封建制（『世界評論』第一巻第七号）
鈴木徳彌…麦作とそれを阻むもの（『農業評論』第一巻第三号）
大槻正男…農業恐慌とその対策（『村と農政』第九巻第三号）
大槻正男…農業経営の改善（『農政評論』第一巻第五・六号）
桜井　豊…農業近代化への道（『若い農業』第二巻第三号）

10　一毛作型正規輪作法の研究

わが国で、一毛作型正規水田輪作法を一番はやくとりあげたのは、北海道農業試験場の上川支場であって、昭和八年頃から研究をすすめている。その輪作の仕方は大要つぎの通りである。

第10表　水田を牧草地に転換した場合の飼料作物の反当収量

種　別	赤クローバー	燕　麦
1年目	130貫	子実　1.5石 藁稈　80貫
2年目	2,090貫	—
3年目	2,174貫	—
4年目	538貫	—

まず排水の良好な水田を乾かす工夫工作をする。そして、稲の代りに燕麦と赤クローバーを混播するのである。赤クローバーだけをまかず、燕麦をまぜるのは、赤クローバーは元来多年生であって、その発育が第一年目において不充分であるからだ。それで、転換畑を有利に使っていくためには、夏収作物と混作するのが一番よいわけである。そして二年目は赤クローバーだけを残し、集約的に栽培する。赤クローバーは普通二—三年生の牧草であるが、種子の落下によって容易に生育するので、もっともち越すことも可能である。そこで二年目、三年目、四年目の収量を調べた一例をあげると、第10表の如くである。

赤クローバーの収量は、二年目、三年目ともおのおの二千貫という素晴らしい成果である。これを家畜に食べさせるものとして燕麦に換算すると、燕麦反当り三十五俵ほどに相当する。まことに記録破りの大成果である。しかもこの跡地を耕鋤して、精過燐酸石灰を反当り五貫だけあたえた移植水稲の収穫高は、反当り実に三石一斗であった。

ところが、通常の連作直播水田に対して、反当り堆肥三百貫、硫安四貫、鰯粕《いわしかす》七貫、精過燐酸石灰七貫を施肥した結果は、反収二石であった。結局、クローバーの根部の残効が、他の輪作効果とあわせて、このような成果をつくりだしているわけである。而して、クローバー根部の残効を高く評価するのは、つぎのような理由によるのである。すなわち北海道農業試験場の分析によると、赤クローバーの二年目の地下茎は、地上部に比べて五四%、その含有窒素分は〇・六%だそうである。だから反当り一千貫程度の有機物を残し、千五百貫程度の厩肥を施したと同じ勘定になるのである。

水田輪作の効果は、それればかりではない。クローバーをすきこんだ跡地水田においては、一―二年間はほとんど雑草の姿をみないのである。それ故に、単に中耕の目的で中耕器をあてる程度でよい。水田経営上もっとも困難とされていた除草作業が著しく合理化せられ、直播稲作農業についての明るい見透しもでてきたわけである。今度はぜひ直播と結びつけて研究をつづけて貰いたいと考えている。

もっともこんなひとつの試験例で結論をだすのは、余りに性急に過ぎるとおっしゃる方があるかも知れない。しかし、ほかの試験でも同様の結果がでているのである。そこで第二例として第11表を掲げることにした。

第11表　水田を牧草地に転換した場合の赤クローバーの反当生草収量

種　別	反当生草収量
1年目（燕麦混播）	467貫
2年目	2,743貫
3年目	2,080貫

牧草地に、早春刈り取りの都度牛尿を反当り二〇〇貫（一荷十二貫とみて）施してみたところ、二年目の生草量は実に二七四三貫となった。この量は、まさに燕麦四〇俵分にあたっている。牛尿を使うと、成果が一層あがるということがわかったわけである。これは水田農業の有畜化にとって、まことに嬉しい結果である。クローバーの収量がこの程度であると、土に残る有機物の量も莫大なものになってくる。その量は、恐らく八五〇貫を上回るであろう。従って二〇〇貫程度の厩肥をあたえたのと同じ程度の効果が出てくる筈である。このような予想は完全にあたった。すなわち、クローバーの跡地に（四年目）精過燐酸石灰を反当り五貫を単用したところ、稲の反収は「富国」（温床苗）三・六五四石、「富国」（普通苗）三・四九六石、「北

第12表　水田に作付けした各種牧草の収量

	反当生草収量（単位貫）							同乾草収量（平均）	備考
	昭和6年	昭和7年	昭和8年	昭和9年	昭和10年	昭和11年	平均		
青刈黄色デントコーン（湿田）	—	339	217	477	—	—	344	104	
同上（乾田）	698	—	—	—	—	—	698	258	
同上（平畦）	—	—	—	—	1,042	817	930	273	施肥量3倍
同上（高畦）	—	—	—	—	1,453	921	1,177	394	施肥量3倍
緑肥用大豆	—	—	539	403	—	—	471		
チモシーグラス	—	—	(初年) 135	(2年目) 855	(3年目) 732	(4年目) 598	—		
オーチャードグラス	—	—	112	433	864	549	—		
赤クローバー（湿田）	—	—	577	1,674	1,214	810	—		
赤クローバー（乾田）初年燕麦混播	—	—	—	(初年) 467	(2年目) 2,743	(3年目) 2,080	—		

光」（温床苗）三・三八七石となった。これを北海道稲作の反収（昭和八―十四年の七ヵ年平均）一・四九四石と較べて見ていただきたい。なんと素晴らしい成果ではないか。

つぎに問題となるのは、こういう点である。

一、水田輪作をおこなう場合、赤クローバー以外に何かよい作物はないか。

二、湿田の場合と乾田の場合とではどのようにちがってくるか。

この二点については、第12表をみていただきたい。

上の表によると、豆科の牧草が抜群の成績を示している。赤クローバーは、初年度の収量はすくないが、その代り、燕麦は反当り五俵程度とれるから、この収量のすくなさを補うことができる。乾田区の赤クローバーの成績は、第11表で説明した通りである。なお、湿田区でも、二年目は一六七四貫とれていることが注目される。一六七四貫の赤クローバーといえば、燕麦ならば二五俵に匹敵する量である。地中には九〇〇貫程度の有機物が残り、その肥効は厩肥一一〇〇貫程度に相当している。

第13表　水田輪作法における牧草および水稲の反当収量

種目別	反当生草量				後作水稲「富国」反当収量			
					5年目		6年目	
	1年目	2年目	3年目	4年目	実数	割合	実数	割合
	貫	貫	貫	貫	石		石	
チモシー	135	855	732	598	3.147	164	2.348	134
オーチャード	112	433	864	549	3.309	172	2.254	128
赤クローバー（湿田）	577	1,674	1,214	810	3.491	181	2.503	143
水田連作	—	—	—	—	1.924	100	1.755	100

さらに、昭和八年より昭和十二年にかけて同時に試験した、チモシー、オーチャードグラス、赤クローバー（湿田）および水田連作の四区について、水稲跡作収量の試験成績がでているから、つぎに参考として第13表に掲げる。

牧草には、いっさい施肥しない。そして後作水稲には、精過燐酸石灰を反当り五貫投下している。この表によると、水田輪作の効果は素晴らしいものであることがわかる。特に赤クローバー区の成績が優秀であって、水田連作区の稲の反当収量に対して、一・五倍—二倍程度の成果が期待される。なお、六年目の収量が小さくでているのは、雹害によるものである。この年は全区にわたって籾三—四割の脱粒があった。

後作の稲におよぼす効果は、第二年目においても確実に認められる。恐らく第三年にまで影響があるのではないかと思われる。

一毛作田正規輪作法についてはいろいろ申しあげたいことがあるが、本章の説明はこれくらいにとどめておく。今後根菜作物や蔬菜を組み合わせた水田輪作法については充分研究する必要がある。また、移植稲だけでなく、直播稲についても研究をつづけ、稲作農業機械化のために立派な資料をつくっていかなければならない。

註　本章に関係ある参考書としてつぎの如きものがある。

北海道農業試験場北農会編…赤クローバーの栽培（『北農講座』第九集）
安孫子・小森共著…『北方農業の経営』
安孫子孝次著…『北海道農業の技術的発達』（日本有畜機械農業協会編）
桜井　豊著…『水田酪農の研究』（日本農業研究所刊）
井口賢三…『家畜飼料上の諸問題』（『畜産の研究』第一巻第一・二号）
数井二郎…美深地方水田還元畑における飼料作物選択上の注意（『北農』第六巻第二号）
石塚喜明…農業経営は地力維持を前提として（『肥料研究界』第四十一巻第二・三号）

11　水田輪作法における圃場の切り方

一毛作型正規水田輪作法の効果は、だいたい前章においてのべた通りである。赤クローバーの収量は、植付け後三年目までは高い。また、赤クローバーの根の残効は、稲に対して二年ないし三年程度つづくらしい（この点についてはもっと詳細に試験する必要があるが…）。

そのような点を考慮すると、だいたいつぎのような六圃式輪作法がすすめられてよいと思う。まず第3図を参照願いたい。

この例によると、水田はまず六圃に分けられる。一圃の大きさは三反―五反程度がよろしい。「水田輪作の反対意見」の章でものべたように、田畑横転に関する設備をつくっていくためには、長辺が最小三〇―五〇間くらいほ

	1年目	2年目	3年目	4年目	5年目	6年目
第1圃	クローバー (1年目)	クローバー (2年目)	クローバー (3年目)	稲 (1年目)	稲 (2年目)	稲 (3年目)
第2圃	稲 (1年目)	クローバー (1年目)	クローバー (2年目)	クローバー (3年目)	稲 (1年目)	稲 (2年目)
第3圃	稲 (1年目)	稲 (2年目)	クローバー (1年目)	クローバー (2年目)	クローバー (3年目)	稲 (1年目)
第4圃	稲 (1年目)	稲 (2年目)	稲 (3年目)	クローバー (1年目)	クローバー (2年目)	クローバー (3年目)
第5圃	稲 (1年目)	稲 (2年目)	稲 (3年目)	稲 (4年目)	クローバー (1年目)	クローバー (2年目)
第6圃	稲 (1年目)	稲 (2年目)	稲 (3年目)	稲 (4年目)	稲 (5年目)	クローバー (1年目)

第3図　六圃式水田輪作法の一例

しい。だから、六圃式では一町八反ないし三町歩いるわけである。共同経営でやっていく場合には、水利の関係をかんがえて、各分圃をつなぎあわせ、六区に分けて輪作をおこなうようにしたい。後者の場合だと、三〇町歩ないし六〇町歩程度の集団地を六区分する。土地利用を高めて経費を節減し、人手を省いていくためには、もちろん後者によるのがよい。この図によると、第一年目には第一圃だけクローバーを作付けすることになる。一年目にもっと多く転換するやり方も考えられるが、この方が比較的無理のないやり方だと思う。灌漑溝や排水溝を掘ったりする仕事も、なるべく共同でやるようにし、順をおって土地を整えていくのである。

　このようなやり方をすると、転換畑一町歩につき、乳牛三頭をいれることができる。しかし、初年度のクローバーの収量は、そう高くはない。しかもクローバー区は、一圃に過ぎない。混播した燕麦の収量とあわせて、もっとも適当と考えられる頭数をいれるようにしたい。

	1年目	2年目	3年目	4年目
第1圃	稲（1年目）	稲（2年目）	クローバー（1年目）	クローバー（2年目）
第2圃	クローバー（1年目）	クローバー（2年目）	稲（1年目）	稲（2年目）

第4図　二圃式水田輪作の一例

	1年目	2年目	3年目	4年目	5年目	6年目
第1圃	クローバー（1年目）	クローバー（2年目）	稲（1年目）	稲（2年目）	稲（3年目）	稲（4年目）
第2圃	稲（1年目）	稲（2年目）	クローバー（1年目）	クローバー（2年目）	稲（1年目）	稲（2年目）
第3圃	稲（1年目）	稲（2年目）	稲（3年目）	稲（4年目）	クローバー（1年目）	クローバー（2年目）

第5図　三圃式水田輪作法の一例

二年目になると、クローバー区は二圃になる。しかも第一区クローバーの収量は相当なものである。恐らく一年目の三倍程度家畜を飼うことができよう。さらに三年目になるとクローバー区は三圃を占め、正常の割合（稲三圃、クローバー三圃）を示すようになる。クローバーの収量は一段と高くなるから、家畜をふやすことができる。乳牛と限らなくとも結構であるから、適当なものをいれてよい。しかし、稲の方はいまだ輪作効果がでていない。家畜の導入によって、厩肥の量がふえただけである。正規の輪作効果が全圃場にあらわれるのは、第六年目以後である。

この年以後、1稲、2稲、3稲、4クローバー、5クローバー、6クローバーという正しい順序が繰返される。家畜の尿はクローバー区に、厩肥を稲とくに二年目、三年目の稲にあてがうことによって、素晴らしい成果が保証されてくるし、畜産物も増加してくる。

稲圃とクローバー圃との割合を同じにするやり方について

<table>
<tr><th colspan="2">年　次</th><th>1年目</th><th>2年目</th><th>3年目</th><th>4年目</th><th>5年目</th><th>6年目</th><th>7年目</th></tr>
<tr><td rowspan="2">第1圃</td><td>(イ)</td><td>クローバー
(1年目)</td><td>クローバー
(2年目)</td><td rowspan="2">稲
(1年目)</td><td rowspan="2">稲
(2年目)</td><td rowspan="2">稲
(3年目)</td><td>蔬　菜
(晩 播)</td><td>蔬　菜
(早 播)</td></tr>
<tr><td>(ロ)</td><td>蔬　菜
(晩 播)</td><td>蔬　菜
(早 播)</td><td>クローバー
(1年目)</td><td>クローバー
(2年目)</td></tr>
<tr><td rowspan="2">第2圃</td><td>(イ)</td><td>稲
(1年目)</td><td>クローバー
(1年目)</td><td>クローバー
(2年目)</td><td rowspan="2">稲
(1年目)</td><td rowspan="2">稲
(2年目)</td><td rowspan="2">稲
(3年目)</td><td>蔬　菜
(晩 播)</td></tr>
<tr><td>(ロ)</td><td>稲
(1年目)</td><td>蔬　菜
(晩 播)</td><td>蔬　菜
(早 播)</td><td>クローバー
(1年目)</td></tr>
<tr><td rowspan="2">第3圃</td><td>(イ)</td><td rowspan="2">稲
(1年目)</td><td rowspan="2">稲
(2年目)</td><td>クローバー
(1年目)</td><td>クローバー
(2年目)</td><td rowspan="2">稲
(1年目)</td><td rowspan="2">稲
(2年目)</td><td rowspan="2">稲
(3年目)</td></tr>
<tr><td>(ロ)</td><td>蔬　菜
(晩 播)</td><td>蔬　菜
(早 播)</td></tr>
<tr><td rowspan="2">第4圃</td><td>(イ)</td><td rowspan="2">稲
(1年目)</td><td rowspan="2">稲
(2年目)</td><td rowspan="2">稲
(3年目)</td><td>クローバー
(1年目)</td><td>クローバー
(2年目)</td><td rowspan="2">稲
(1年目)</td><td rowspan="2">稲
(2年目)</td></tr>
<tr><td>(ロ)</td><td>蔬　菜
(晩 播)</td><td>蔬　菜
(早 播)</td></tr>
<tr><td rowspan="2">第5圃</td><td>(イ)</td><td rowspan="2">稲
(1年目)</td><td rowspan="2">稲
(2年目)</td><td rowspan="2">稲
(3年目)</td><td rowspan="2">稲
(4年目)</td><td>クローバー
(1年目)</td><td>クローバー
(2年目)</td><td rowspan="2">稲
(1年目)</td></tr>
<tr><td>(ロ)</td><td>蔬　菜
(晩 播)</td><td>蔬　菜
(早 播)</td></tr>
</table>

第6図　五圃式水田輪作法の一例

は、いろいろの種類がある。今の六圃式を今少しくちぢめ、1稲、2稲、3クローバー、4クローバーとすると、四圃式になる。このやり方は、クローバーを充分に活用していないので、すすめるわけにはいかない。また、つぎのような二圃式も考えられる。第4図を参照されたい。

　これは、上述した四圃式をもっとちぢめたものである。二圃式といっても、1稲、2クローバーと、毎年交代させるわけにはいかない。そんなことをしては、不経済である。そこで、前図のようなやり方が考えられるわけである。この輪作法の欠点は、牧草の収穫高にむらがあることと、肥料の量も不平均となることなどである。この点については、すでに「外国でおこなわれている水田輪作」の章でのべた通りである。

このような欠陥は、つぎの三圃式輪作法についても指摘することができる。第5図を参照されたい。それよりおすすめしたいのは、ソ連式五圃輪作法である。たとえば第6図のようにやっていくのである。

稲の方に重点をおくか、クローバーを重視するか、それとも両者を対等にみるかによって、いろいろのやり方を考えることができる。経済条件の変化などに応じて、適当な変更（たとえば重点の変更）をくわえうる余地を残すことが大切である。そのためには、圃場を広くとり、分区数を多くすることが必要となる。つまり、共同経営の建前で計画をねっていくことが最もよいわけである。

なお、転換畑区に対しても、送水設備はできているのであるから、適当に灌水していかねばならぬ。牧草灌漑については、アメリカでも盛んに研究している。しかもその効果は著しいものがある。もっとも、水量は小量で結構であり、刈り取りつどおこなう程度でよいのである。園芸作物についても、軽灌漑の効果は相当なものである。水田輪作法をおこなうことにより、畑灌漑の研究も大いに進むであろう。

水田輪作法は、水田農業のよいところと、畑農業のよいところを巧みに摂取し、これを総合化した立派な農法なのである。稲に対する需要が少くなった時は、灌漑畑として活用することもできる。そして機械や家畜をどんどんいれ、人の労力も土地も活用する。こんな意味でぜひおすすめしたい農法なのである。

註　参考書としてはつぎの如きものがある。

ア・ペ・ヂュライ著、欧亜通信社訳編…『ソ連邦の稲作』
斎藤美代司著…『水理と灌漑』

12　二毛作型単純輪作法の研究

普通連作法の弊害については、昔からやかましく論ぜられている。たとえば徳川時代の農学者宮崎安貞先生は、名著『農業全書』のなかで、

「大かたの地ならば田に小麦をばまくべからず。その跡の稲のでき必ずよからぬものなり。」

とのべている。もっとも、その理由はよくわかっていなかったらしく、

「小麦のから田にはいれば毒なるゆえなり。」

などと怪しげな説明をしている。しかし、その対策だけはよく承知していられた。豆科作物の裏作ということを既に考えていられたのである。

また、貝原樂軒先生は、同書巻の二「五穀の類」第十三「蚕豆」のところで、大要つぎのように述べられている。

「樂軒（貝原益軒の兄）いわく。上方の国々にそら豆を多くまくことは、その利麦とひとしき故なりと思え

り。しかるに去年より洛陽に寓居し、今年の春摂州有馬に往来し、路次にて農人の語るを聞きてそら豆を多く作る故をしれり。たとえば、麦を一町歩作る農夫は、その内二段或は三段余もそら豆をうえることは、その利麦にまさる故にはあらず。およそ麦作は植付くるこやしよりのち、だんだんこやし（糞）を入れることもっとも多し。またその地ごしらえはじめのすきおこしより、たびたび中うち、草かじめ、土おいにいたるまで、よろずに人でまのついゆること甚だおおし。さればその考えをよくする時は、たとえば一町歩の地を三段はあらして、その人でま、そのこやしをもって、残る七段の麦をよく作り立てたるは、一町歩を皆借りてだんだんの手入れあしく、そのこやし不足したるよりも、麦をとること却っておおし、さりながら、何国にても農人のくせにて、妄りにおおく作りちらし、その手入れ、こやし不足すれば、はなはだ損なることを聞きても、只半段もおおく作るを悦ぶならいなれば、おのおのその麦作の段数をへして、残る田畠によく功をもちいて、たしかに利を得る術をつとめることとなし。また、そら豆は、はじめ地ごしらえを少し念を入れてうえ、こやし（糞）をちと加えたるもよし。その後四月初めに引き取るまで、中うち、こやし、草かじめなども用いず（もし草あらば、春になり一度ざっとひきすつるまでにて人力ついえず）。

さて、右七段の麦に手入れをよくしてこやし（糞）をましぬれば、かのこやしの不足なる一町歩の麦よりも、取り実おおし。その上、そら豆が中分に栄えたならば、三段に六石あるべし。少しよく出来たらば、八―九石あるべし。されば、麦は多くでき、はなはだこえ、人でまを省き、その上また、大分のそら豆を作り出し、これをもって米の代とし、麦飯に加うれば味よく、或はみそとし、又麦もちのあんにいれ、また、所によりなら茶にもちい、さまざまの食となりて利をうることおおし、殊に麦に先き立ちて熟し、農人の仕舞いよく、また麦より早くいでくる故、凶年には飢を助くるに便あり。このさまざまの徳分あるゆえ、よき作人はその考えをなし、そら豆を多くうえて利をうること少からずとなり。されば諸国にてもこのことをよく考えそら豆をおおく作り、その余力をとりて麦をよく作り立て、両様の利をもって糧米の助けとなすべし。そら豆は大坂におおし。種子を求むべし。」

この説明では、いまだ足りないようである。裏作作物の稲作におよぼす影響力について、はっきりした説明がない。この点を補足したのが大蔵永常先生である。先生は『宏益国産考』という本の八の巻「休《やす》め地《ち》の論」の段で、大要つぎのように述べておられる。

「西国より畿内までは休地をすることなく、深田を除けては中深《ちゅうぶか》ともいうべき位の湿地は、畦を一尺七—八寸くらい土をかきあげ、菜種を作るなり。畦のあいだの溝は、水溜りおるなり。勢州、尾州より東は水を落し、かわかせば充分かわき、菜種のうえらるべき田に水をためおき、一作《け》を休むなり。そのあたりの人のいえることばに、下手なる商《あきない》をせんより、田に水をはれといえり。その水を溜めたる田を見およぶに、乾地となるべき地は水垢《みずあか》すくなく、大雨には垢をおし流すところあり。これは水垢を付けて田のこやしとする心得なるべけれども、大雨にて洗ひながしては詮なきことなり。地中には焔硝と油ありて、地かわくにしたがい上へ浮くものなり。その証拠は、焔硝を製造するには、古き家の床下の上土《うわつち》をこそげとりて、水にたれて製するなり。これを見てかんごうべし。地かわきぬれば、地中にあるこやしとなるきっすいの焔硝は上へうくなり。水をかくれば下へ沈むなり。然らば土はかわかせば地のこやしの気上へのぼるなり。所によりては田の土或は溝土などを取りかわかせ、打ち砕きて麦などの蒔肥にふりこむなり。これをもって田土はかわきぬれば、こやしになるというのは、かわけば焔硝気はさかんになると見えたり。故にかわくべき地は、稲をかりたる跡をかわかせ、すきかえし、ますますかわかせ、土くれをわり、畦をつくり、麦か菜種を作るべし。さすれば二作収納するなり。

小作をする水呑み百姓は、稲ばかりつくりては徳分なくして作り損になるものなり。稲にて作徳なくても、麦、菜種にて徳分あるものなり。百姓は菜種を作らざれば勝手悪しきものなり。いかんというに、田植の節は、中巳下の百姓は小遣銭にも困るものなり。よって菜種を作り、それを売りて田植の人雇賃、こやし代、祝ひの酒代等にあつるものなり。これ故に、ぜひ菜種は作るなり。この菜種を作らざるところにては、田植の入用は別に工面せねばならざれば借金をこしろうるなり。故に水田にして一作とるがよきか、かわかして二作とるがよきか、手間とこやし代はいれども、菜種にてこやし代を引きても、よほど作徳あるものにて、菜種跡をたがやし作りたる田は、こやしの気残れば、こやしいれずに田はよく出来るなり。畿内の利勘なるところにて、損の立つことを昔よりいたすべきや。ここをもって考え見給え、またその国の益、はかりがたし。予三州にて二作とることをすすめければ、農人いう。ここの地面は、冬より水をはりおかざれば、五月田植前にすきて水をいれてはなかなか土砕くることなしといえり。土性を見るに、山城宇治などの土性に似たり。播州などのような強き土性にあらず、小石まじりの土なり。兎角にいいぬけ用いず。」

徳川時代、もうこの程度の研究ができていたのである。しかし反動的な学者の数は、より多数である。特に明治以後において然りである。このような輪作法の研究は、まったく停止してしまった。稲を連作すること、稲と麦とを連年、しかも全地積に作付けすること、そのために必要な品種の改良、施肥の仕方、移植方法、これが問題であった。農事試験場の研究テーマは、このような方向に集中された。単純輪作の施行の如きは、百姓のおこなう害悪――やむをえざる害悪――としか考えられていなかったのである。

このようなわけで、本輪作法の研究は、農民および民間団体の手によってのみ進められ、官設機関によってとりあげられてはいない。少くとも最近まではそうであったと断言してよい。以下これらの成果について、若干お話ししたいと思う。

まず鳥取県東伯郡高城村大字般若の篤農家福井貞美氏の研究をご紹介しよ

(A) 水田農業と輪作

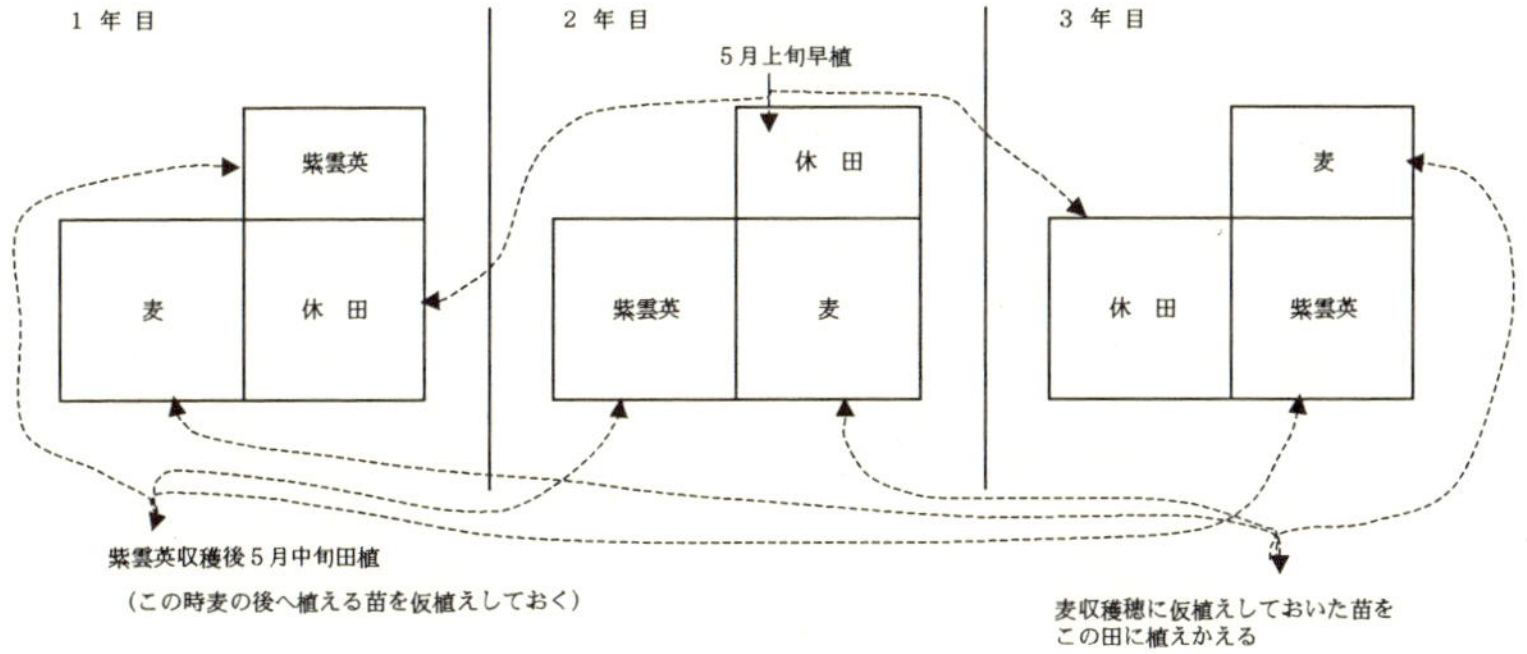

第7図　二毛作田単純輪作法の一例（その1）

う。第7図を参照せられたい。

いま、かりに一町二反の水田をもっているものとすると、これを三つに分ける。すなわち四反ずつの圃場を三つ作るわけである。このうち、第一区に対しては裏作をおこなわない。その代りに、稲の方を早植えする。第二区には紫雲英、第三区には麦をまきつける。第二区では、五月中旬ごろ、紫雲英の収穫後に稲を入れる。すなわち第二回目の田植をおこなうわけである。この時には、苗はもう五本くらいに分蘖している。この時いっしょに、第三区の麦の跡へやる苗を三寸四方に仮植しておく。そして六月中旬、麦を刈った跡へ本植えするのである。

つぎの年になると、早植えした田（第一区）に麦をまき、麦の田（第三区）へ紫雲英をまき、紫雲英の田（第二区）は休ませて稲の方を早植えする。

こういうふうにすると、労力に無理がなく、しかも土地がどんどんこえてくる。その結果、麦の反収は二倍となる。四反で普通の一町歩位とっているそうである。しかも肥料が半分ですむのである。そればかりではない。表作にも好結果がでてくるのである。（稲の反収は昭和十七年六石）、麦の裏作付けは全田区の三分の一に過ぎないが、米、麦、紫雲英とあわせると、普通の連作経営よりずっと多収である。裏作三分の二の労力が省け、表作の労働も合理化せられていくのである。

単純輪作法と稲の直播との結合については、岡山県倉敷市大原農業研究所の吉岡金市氏によって研究されていることはご承知の通りである。いまその主な着想について、二つほど例をあげておこう。

一、稲と麦と紫雲英、そら豆の輪作

この方法は、岡山県上道郡操陽村の妹尾金吾氏によっておこなわれた。うえの第8図をみていただきたい。

まず、一・八尺の直播稲の条間西側又は北側に、稲株に近くそら豆を十月中旬に播種する。つづいて十月下旬―十一月上旬には、稲株の東側又は南側に、小麦を播きおろす。稲を一列おきに、このようにそら豆と小麦とを混作しておくのである。そして稲の刈り取り後に、そら豆と小麦をまいてない列の稲株を、そら豆と小麦の中間へ裏返しておき、畦間は十二月に牛でたがやし、土をくだき、両側に谷を開いて畦にする。その後二回中耕をおこない、小麦の出穂まえ（四月）に畦の両側面の中腹に稲をまく。そら豆に近い側の稲は、小麦に近い側の稲よりも生育が良好である。そのため、そら豆を前述の如くあらかじめ西又は北側へつくっておく必要があるのだ。

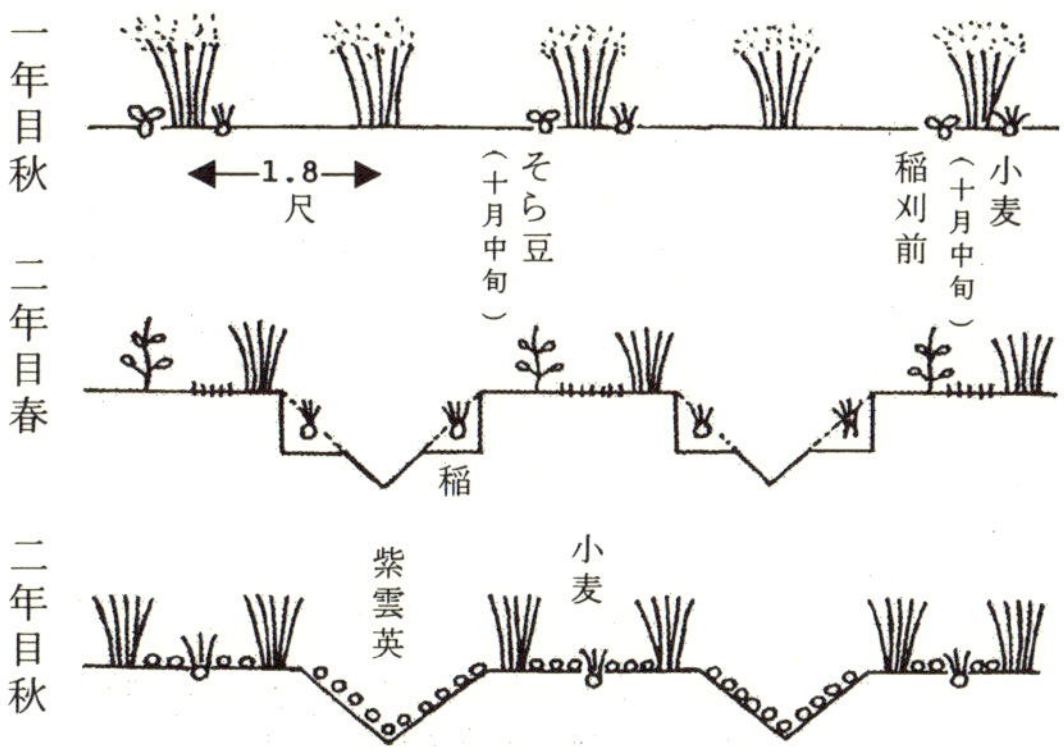

第8図　二毛作田単純輪作法の一例（その２）

このそら豆と小麦との混作の中へ稲を直播し、その稲の中では、紫雲英を九月下旬にまいておき、畦の中央へは小麦を十月下旬―十一月上旬にまいておくと、紫雲英の中で小麦ができるわけである。紫雲英の中であるから、中耕も除草もできない。しかし、紫雲英がよくのびて雑草を圧倒するから、その必要もないのだ。収量の方は紫雲英が反当り一二〇〇貫、小麦が一石以上はとれる。紫雲英の栽培跡は、耕起しなくとも直播稲がよくできる。紫雲英の繁茂前又はその刈り取りののち、もとの稲条列の内側に稲を直播栽培するとよろしい。紫雲英が肥料となるのだから、稲はよくできる。その稲の跡は、稲を刈り取ったのちに耕起し、小麦だけを単作し、その中にまた稲を直播するのである。

経営する田を三区に分け、このような輪作を繰返えしていく。したがって三年に一度全耕する勘定となるわけである。小麦、そら豆と小麦、紫雲英と小麦の混作と直播稲という合理的な輪作方式は、人手をはぶき、収量を高めるという点で、非常にりっぱな着想だと思う。

二、稲の直播と麦と紫雲英との輪作

第9図を参照されたい。

まず、一・五―一・八尺の直播稲の条間へ、九月下旬に一条おきに紫雲英をまき、十一月上旬に紫雲英をまいてない条に麦をまきつける。この麦は、稲の刈り取りまえに稲間へまいてもよいが、裸麦やからす麦の場合は小麦よりも根が弱いので、稲の刈り取り後に、畜力用カルチベーターで耕起してから播種すべきであろう。麦の両側は中耕し、麦の培土をおこなう。そしてやや低くなったところへ、四月紫雲英の繁茂するまえに、稲を直播するのである。紫雲英は刈り取ってサイロへつめ、乳牛などの飼料にもちい、根だけを肥料とする。麦を刈り取ったのちは、稲に施肥し、稲の生育がやや進み、紫雲英の根が枯れてから、カルチベーターで中耕すればよろしい。前年に麦だ

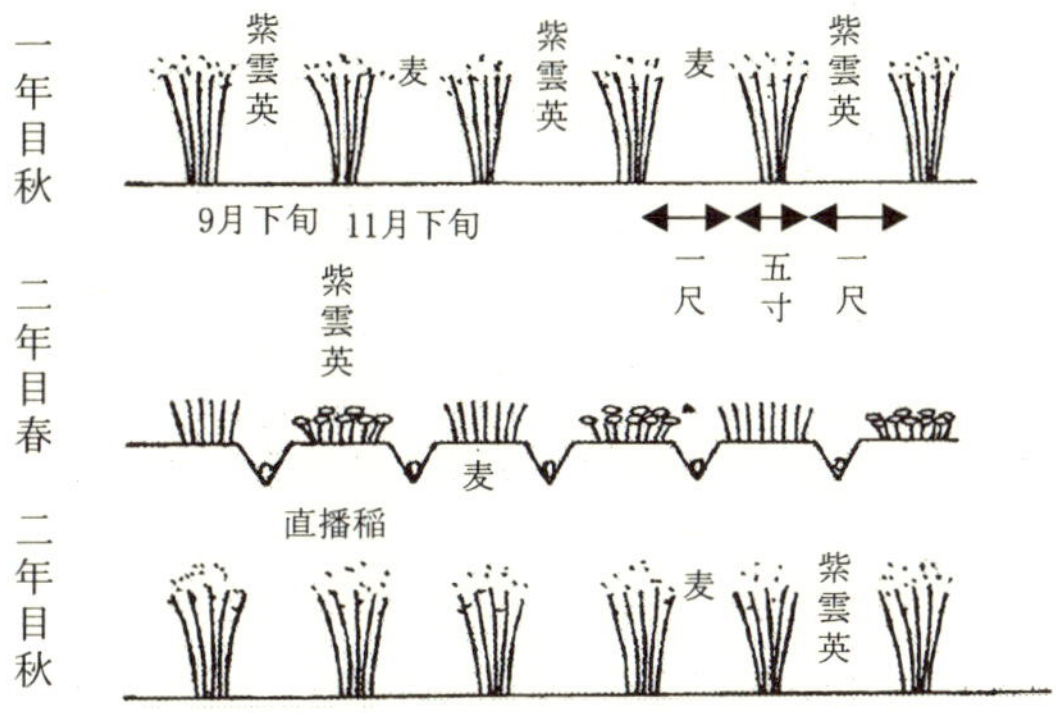

第９図　二毛作田単純輪作法の一例（その３）

った列へは紫雲英を、また前年に紫雲英だったところへは麦を播種し、それを繰返えしていく…。こういった輪作をおこなうのである。

岡山県邑久郡国府村の精農家牧野勉氏の経験によると、紫雲英、そら豆の影響は相当なものであって、後作稲の増収は二割余りであった。しかもこのような好影響は、あとあと作の麦にまでおよんでいることが確認されたそうである。同様の結果は、同県上道郡操陽村でも同県児島郡興除村でも再確認されている。一町歩の裏作だけで、ゆうに二頭の乳牛を飼いうる事実もわかってきた。

そら豆や紫雲英以外にも、豆科作物にはたくさんおすすめしてよい作物がある。たとえば青刈大豆などである。ご承知でもあろうが、青刈大豆を作り、そのなかへ直播した田では、雑草がはえない。この点については、岡山県御津郡今村の岸本氏の研究が参考になる。その結果によると、青刈大豆だけで無肥料で作った稲の収量は、硫安二貫、石灰窒素二貫施用区と同一であった。しかも青刈大豆の反収は三〇〇貫あったそうである。麦田間作の場合でも、この程度の収穫があるのである。

豆科作物の稲麦作におよぼす好影響は、刈り株の肥料的価値によるところが少くない。今までの研究結果によってその間の関係を示してみよう。

紫雲英刈り跡の残留窒素量＝刈り取り生草量×0.001095
ザートウイッケン刈り跡の残留窒素量＝刈り取り生草量×0.00242
青刈大豆刈り跡の残留窒素量＝刈り取り生草量×0.00588

水田輪作法をおこなう場合、根菜作物や一般蔬菜類についても大いに研究すべきである。

淡路島の酪農家などは、水田裏作としてかぶをいれているようである。すなわち水稲（六月―十月初旬）につづいて村田かぶ（十月中旬―一月下旬）をいれ、さらに馬鈴薯（三月―五月下旬）を栽培する例がある。今までの報告によると、根菜類をいれると水田の物理的な条件に好影響をあたえ、稲の作によいといわれている。この点についても、なお一層研究をすすめてもらいたい。

水稲と蔬菜とを組みあわせた単純輪作法についても、若干の農家の研究がある。たとえばつぎのようなやり方が考えられたことがあった。

A、群馬県（碓氷郡）　水稲｛胡瓜（稀に茄）／麦

B、東京都　水稲―十字科蔬菜

C、兵庫県（三原郡）

水稲 ― 麦 / 豌豆 / そら豆 / 玉葱 / 馬鈴薯 / 胡瓜

D、大阪府

a 山東菜―西瓜―ちしゃ―水稲―白菜
b 山東菜―南瓜―いんげん―水稲―大阪白菜
c 菠薐草―里芋―ちしゃ―水稲―黒菜
d 菠薐草―水稲―ささげ―花椰菜―黒菜

いま、二―三の成績を例示してみよう。

一、**茨城県**　猿島郡新郷村内田誠一氏は、つぎのような単純輪作法をおこない、米に換算して反当り三二俵の成果を収めている。

水田の第一作は大麦である。麦は十月下旬に播種する。畦間は二尺と六尺の間に二畦をもうけ、一畦を空畦とし、胡瓜の植付けにそなえる。刈り取りは六月初旬におこなう。第二作は胡瓜である。二月から三月にわたって、さきほどの空畦を打ち起し、土をくだいてしばらく休ませ、四月に鞍築《くらつき》をおこなう。なお、苗の方は苗床を利用して三月ごろにつくる。本植えは四月下旬ころになる。麦の刈り取りは早目におこなわなければならない。収穫は五月中旬からはじめ、七月中旬までつづく。第三作は水稲である。四月下旬、普通の苗代にうすくまいた苗を、六月中旬隣接の田に倍数株だけ仮植えする。そして七月下旬、胡瓜の畑を馬耕ですきおこし、水をひいて隣接田の苗を植付ける。刈り取りは十月である。このやり方は、水田の土地利用度を高めるという点ではなかなか面白いと思う。しかし、輪作効果を高めるという点からは、今一段と工夫せねばならぬと思われる。

二、神奈川県　小田原市飯田岡山崎保平氏の輪作は、高菜（十一月―四月）―馬鈴薯（三月―六月）―稲（七月―十月）というやり方である。高菜は九月下旬冷床に種子をまいて苗を作る。そして稲の刈り取り後に直ちに本田を耕起し、土塊をこまかくくだいて六尺の高畦とし、十二月上旬定植する。反収は四月中旬収穫したところ、八二五貫であった。もっとも肥料を反当り堆肥三〇〇貫、下肥五〇〇貫程度いれている。高菜をいれることによって、乾土効果が確認されるようである。

馬鈴薯は三月上旬、高菜の間作としていれ、六月下旬収穫する。肥料は反当り堆肥三〇〇貫、下肥七〇〇貫程度もちいる。反収は九九〇貫だったそうである。茎葉は全部（三五〇貫）土地に還元する。肥料はこれだけで充分である。稲の収量は、反当正籾八石四斗九升であったそうである。而して蔬菜作の稲作におよぼす効果についてはいまだ充分な研究ができていない。しかし、甘藍の跡の稲には、ぜんぜん肥料がいらないなどという農家もある。いいいみょうがやうどを作るには、藁がたくさんいるといった具合に、蔬菜の方から稲作を要求するばかりでなく、水稲の生産力を高めるために蔬菜も一部いれるという具合になると、まことに結構なことであるが、単純輪作ではそれほどの効果を期待することは無理なのかも知れない。

なお、農林省園芸試験場の熊澤三郎氏は、つぎのような水田輪作をすすめていられる。

A　稲―高菜（京菜）―馬鈴薯

B　稲―麦―早生甘藍（高菜）―南瓜

単純輪作法の総合的研究は、昭和八年から昭和十二年にかけて、福岡県農会の手によっておこなわれた。小麦―米一〇農家、小麦―緑肥―米八農家、菜種―米七農家、菜種―緑肥―米六農家、玉葱―米四農家、馬鈴薯―米三農家、甘藍―米二農家、馬鈴薯―米―漬菜―大根一農家、そら豆―米一農家、紫雲英―米一農家、合計四二農家（若干いれかわったものがあるが）について、収量、面積、投下労働量、畜力利用日数、収入、支出、等について貴重な記録がある。この資料を使って、米倉茂俊、水上理左衛門の両氏が、『輪作経営の研究』（その一―その五、昭和九―一三年）をとりまとめられている。別に、米倉茂俊…輪作経営より見たる米生産費に対する若干の考察（『帝国農会報』第二十四巻第十一号）も参照願いたい。

つぎに紹介したいのは、二毛作のしにくい地方で二毛作をやるにはどうしたらよいか、という研究である。この点について、東北地方および北海道でおこなった研究成果を報告しよう。東北地方でも、裏作は可能である。しかし、作物が制限されてくる。現在水田裏作の可能な又は比較的に好適する作物といえば、まず大麦、ライ麦（食料、飼料特に青刈飼料）、紫雲英（緑肥、飼料）、菜種（油料、緑肥、飼料）、馬鈴薯（食料、茎葉は緑肥）、体菜、白菜

第14表　東北地方の水田裏作（第1例）

種別	第1年目		第2年目		
	春　夏	秋	春	夏	秋
A	水稲早生	子実　大麦　直播	子実　大麦	水稲晩生	休　閑
B	水稲中生	子実　大麦　移植	子実　大麦	水稲中生	緑肥　紫雲英　直播
C	水稲中生	緑肥　紫雲英　直播	紫雲英	水稲中生	子実　大麦　移植
D	水稲晩生	休　閑		水稲早生	子実　大麦　直播

第15表　東北地方の水田裏作（第2例）

種別	第1年目		第2年目		
	春　夏	秋	春	夏	秋
A	水稲早生	青刈ライ麦　直播	青刈ライ麦	水稲晩生	体菜　移植
B	水稲中生	青刈ライ麦　移植	青刈ライ麦	水稲中生	青刈ライ麦　移植
C	水稲中生	体菜　移植		水稲中生	青刈ライ麦　移植
D	水稲晩生	休　閑		水稲早生	青刈ライ麦　直播

（食料）等がかんがえられる。このうち、米→麦式の穀収栽培はかなり困難である。在来は移植法を採用してやってみたことがある。また、吉岡金市氏の麦間直播技術によると、なお上手にいくという報告もある。しかし、相当に困難な問題が残っている。そんなに無理をして穀物をとるより、却って単純輪作法を採用してはどうか、という意見もでてくる。麦間直播法の試験結果については、まだ紹介するだけの材料がでていないから、以下山本健吉博士の研究を紹介し、私見を申し上げたいと思う。博士の研究によると、水稲については、早生と中生の両種をかならず用いなければならない。しかもこの場合においても、普通つぎのように休閑をかんがえたり、緑肥を挿入したりしなければ恒久性がない。この点については第14表を参照願いたい。

このようなやり方でも、気候条件の変動その他によって障害があらわれるし、東北地方の何処でも可能というわけにはいかない。

ところが、緑肥、飼料栽培ということになると、もっとのびのびとしたものになる。大麦やライ麦を青刈飼料につかおうとするなら、

第16表　北海道における水田緑作試験の結果（昭和15・16両年の平均）

作物名		播種期	収穫期	越冬歩合	反当生草収量	同割合（サンドベッチ区基準）
				%	貫	
サンドベッチ		8月29日	6月12日	70	334	100
赤クローバー		8月29日	6月12日	98	289	111
菜種・ハンブルグ		9月20日	6月12日	100	333	128
紫雲英	森町種	8月29日	6月12日	95	697	267
	岩手種	8月29日	6月12日	90	493	189
	富農選24号	8月29日	6月12日	90	366	140
豌豆・グレーシュガー		―	11月20日		131	50

前作水稲は中生でよろしく、又これは東北一円に普及する可能性がある。いま若干の事例を表示してみよう。第15表を参照せられたい。

特にライ麦は越冬性がつよく、春期の生育も急速であり、粗飼料欠乏期の飼料としていたって便利である。もっともこの作物は、養分の吸収力が大であるから、水田地力を減耗させるおそれがある。だから、単純輪作法について一層の研究をすすめる必要がある。豆科牧草との混播利用についても、大いに研究していかなければならない。

北海道地方でも、水田緑作試験をおこなったことがある。いま、北海道農業試験場渡島支場の試験成績を示すと、第16表の如くである。

これによると、水田用緑肥として生草収量の最もおおいのは紫雲英であって、サンドベッチ、赤クローバー、菜種がこれについでいる。しかし紫雲英は、北海道（東北地方においても大体同じである）のような冷涼な、しかも積雪のおおい地方では、冬枯れのおそれがあり、豊凶の差が著しいから、むしろサンドベッチとか、赤クローバーを栽培すべきであると思う。

註　参考書として次のごときものがある。

古島敏雄著…『近世日本農業の構造』
宮崎安貞著・土屋喬雄校訂…『農業全書』
中村吉次郎著…『先覚宮崎安貞』
大藏永常著・土屋喬雄校訂…『宏益国産考』
フェスカ著…『日本地産論特編』
岩槻信治著…『稲作改良精説』
丸山義二著…『福井さんの米作り、稲の多収穫栽培法』
吉岡金市著…『水稲の直播栽培に関する研究』
吉岡金市著…『新農法の理論と実際』
農林省農務局編…『雑穀豆類甘藷馬鈴薯耕種要綱』（昭和十二年三月）
井納・川崎共著…『簡明農業経営要覧』
福岡県農会編…『輪作経営の研究』（その一—その五）
恒田嘉文著…『農業土地経営論』
山田　忍著…『肥料不足の対策と実際』
吉岡金市…稲直播法と輪作の合理化（『農業朝日』第二巻第一号）
牧野　勉…水田地帯の酪農経営（『若い農業』第一巻第二号）
石橋　一…青刈大豆（『農業及園芸』第二十二巻第三・四号）
吉岡金市…わが国農業の解放（『改造』第二十七巻第十二号）
米倉茂俊…輪作経営より見たる米生産費に対する若干の考察（『帝国農会報』第二十四巻第十一号）
森　和男…戦時下食糧問題と水田裏作（『農業と経済』第十一巻第七号）

豊岡治平…水田高度輪作の試験成績（『農業及園芸』第二十二巻第四号）
飛高義雄…秋野菜の高度輪作（『農業日本』第二巻第八号）
座　談　会…東北地方水田の高度利用（『農業及園芸』第二十二巻第二・三号）
安孫子孝一…東北地方の水田裏作はどう工夫したらよいか（『農業朝日』第一巻第十二号）
岩崎直勝…南部農業の特異性と開拓（『農業技術』第一巻第十号）
小森健治…緑作と甜菜を拠点とせる輪作経営（『北方農業』第四十二巻第五百号）

13　二毛作型正規輪作法の研究

二毛作型正規輪作法については、支那の古い『斉民要術』という農書のなかでふれている。すなわち「耕田」という章で、「美田之法緑豆為上小豆胡麻次之」とか、「悉皆五六月中糞種、七月八月犂掩殺之、為春穀田則畝収十石」といった説明がみられる。前の章でのべた宮崎安貞先生も、『農業全書』巻之一農事総論「耕作」の部で、これをつぎのように祖述している。

「悪田を美田となさんとならば、苗ごえを用ゆべし。苗ごえとは穀の種子をあつくまきつけをして、よきほど成長したるをすきかえし、こやし（糞）とするをいうなり。そのうち、緑豆を上とし、或は小豆、胡麻をも用ゆ。五・六月これをあつくまき、枝葉さかえたるをすきかえし殺しおきて、春よくこなし、穀田とすれば実のり甚だおおし。濃糞《こいごえ》を多くいれたるには勝れりといえり。」

しかし、このような祖述は、安貞先生自らの実験と視察にもとづいて取り上げている事実を忘れてはならぬ。「水田輪作というやり方は、単に中華民国の問題ではなく、われわれの問題である」という明るい見透しの下に祖述しているのである。

このような確信のもとに、先生はまたつぎのようにも説いている。

「田畑は年々にかえ、地をやすめて作るをよしとす。しかれども地の余計なくてかゆることならざるは、うえ物をかえて作るべし。所により水田を一、二年も畠となし作れば、土の気転じてさかんになり、草生ぜず、虫気もなく、実のり一倍もあるものなり。およそこの田を畠になしたる地は、ものよく成長するものなり。さればよく土にあいて価高き品物をうえて厚利をうべし。さて畠物にて土気よわりたる時、又元の水田となし稲をつくれば、これまた一、二年も土地転じて大利をうるものなり。されども、これは上農夫のなす手立てなり。およそ土は転じかゆれば陽気おおく、また熱滞すれば陰気おおし。それ陰陽の理りは至りて深しといえども、耕作に用ゆる所はその心をつけぬればさとりやすし。農人これをしらずばあるべからず。」

佐藤信淵先生（宮崎安貞、大蔵永常とともに、徳川時代の三大農学者の一人であって、『草木六部耕種法』とか、

『培養秘録』などという名著がある）もこの点に言及している。すなわち「土地と培養」という問題について、つぎのように説明している。

「およそ土に厚薄あり。地に肥瘠あり。その埆瘠なる地を変じて膏沃となし、薄舃《はくせき》なる土を化して豊饒となすことは、培養の妙をつくすにあらざれば能はざる所あり。上古の世は、人民はなはだ少くして、田畑あり余りしをもって、或は田畑を一年も二年も休んで作るものあり。（中略）田畑あり余りて地力を労せざること斯くの如くなる時は、培養に心をつくすなしといえども、作物よく成熟し、公私の食料もって乏しきことなかるべし。後世に至るに及んで、人民の蕃息すること極めて多くして、ただに上古の什倍のみにあらず。故に食料のついゆること広大にして、田畑を休めること能はざるのみならず、年々歳々一枚の田に或は稲を作り、且つ麦を作り、その他種々のものをうえて三毛、四毛の耕種するあり。しかも尚時候不順なる年には食料不足にして飢饉の患いをなすに至る。且つその年々土地を休息することなく、勢力を疲労せしめるをもって、化育の生機まさに枯渇せんとするに幾《ちか》し。」

ここにおいて、水田輪作ということが問題となるのである。信淵先生は棉と稲とを例としてつぎのように教えている。

「草棉は、多年同処に作るときは結実の減々減少するをもって、三年作たる上は其処を換うべし。田をかえて作るときは、一両年の間は充分に実の多く結ぶものにて、その跡に稲を作れば、地気新なるによって米また夥しく豊熟し、二年分の取実もうるものなり。すべて作物は草棉のみに限らず、多年同処につくるときは次第に生実の減少するは自然の理なり。かねてこの心掛けあるべし。」

この説は詭弁ではない。現に大和平野において一般的におこなわれていたのである。たとえば、奈良県磯城郡平野村では、明治三十年頃までつぎのような輪作をおこなっていた。

水稲（表作）—麦（裏作）↔棉

棉を二—三年つづけては、また稲にもどる。稲を二—三年やって棉に移る。こういったやり方が支配的であった。この地方では、表作のことを本毛《ほんげ》、裏作のことを裏毛《うらげ》といい、水田を畑に転換することを空毛《からげ》にするといっている。田を空毛にすることによって、水田が改善されたという事実については、すべての古老が認めているようである。ところが明治末年から大正にはいってくると、空毛作物が変った。（これは需要の変化に基くものなのだが）西瓜、まくわ瓜、南瓜、玉葱等が棉にかわってきた。

水稲（表作）—麦（裏作）↔ 西瓜
まくわ瓜（表作）—麦（裏作）
南瓜

玉　葱

こういったやり方に変ったのである。

田を空毛にしていくためには（特殊の水田を除いて）、合議が必要である。水の問題があるので、一定地区の農家が協議し、相互の了解のもとにおこなわれなければならない。この村では、四、五軒の農家グループごとに空毛をやっている。但し共同作業、共同経営というところまではいっていない。空毛《からげ》をおこなう場合には、麦（早生又は中生）を広い間隔（四尺、六尺、八尺などいろいろである）で整地せずにまきつける。そして二列の麦の内側に幅一尺、深さ一尺余りの排水溝を作る。この溝は、冬の暇のおおい時季に鋤で掘るのである。排水溝を伝わる水は、水田の一辺にそう集水路に導かれる。こんな具合で、雨が降っても水が停滞しない。麦と麦との間に二列又は一列として、空毛作物をいれる。これを図解すると第10図の如くである。

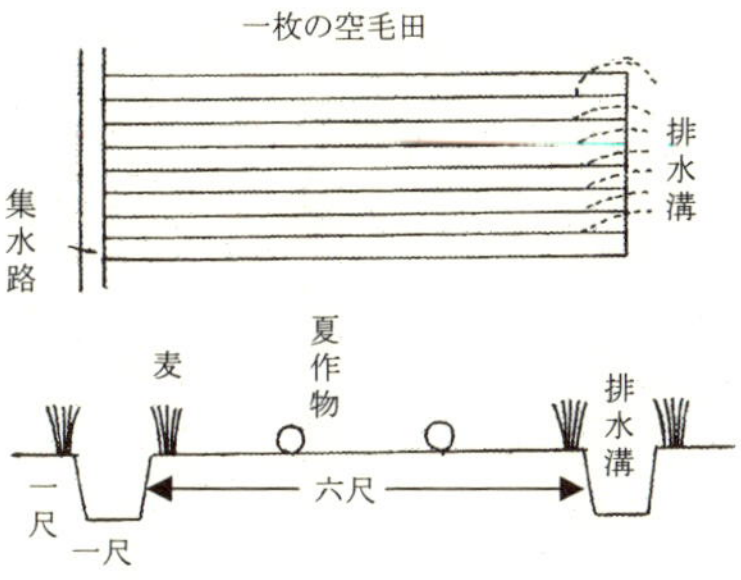

第10図　二毛作型正規水田輪作法の原始的形態の一例

二―三年空毛にしておいて、再び稲にもどる。稲にもどった時、初めて全耕（全面耕起）がおこなわれるのである。空毛の効果についてはつぎのようにいわれている。

一、空毛一年目　肥料が半分ですみ、反当収量は一割ほど増す。

二、空毛二年目　肥料が同じだけいるが、反当収量は一割ほど増す。

三、空毛三年目　肥料の必要量も反当収量も、ともに普通田と同じである。

このような空毛作が一番盛んだったのは昭和七年から十三年頃にかけてであって、水田全体の三割程度が空毛として利用されていた。ところが戦争が始まり作付統制ということがおこなわれるようになって、全く影をひそめてしまった。その結果、稲の反当収量も落ちた。そして戦後再び空毛作をおこなうようになってきたのである。

このようなやり方は、正規水田輪作法の原始的形態である。排水の仕方、作物の内容、労働の組織、その他改善する余地がたくさんある。大和平野は、元来畑の少い地帯である。家畜も余りはいっておらない。稲藁は燃料にしている。そこで金肥ばかりを使っている。こういった事情であるから、地力はどんどん減耗する。空毛というやり方で、その勢をにぶらしているのである。このような悪条件のもとにおいて、しかも前述した程度の空毛効果がでているのである。しかしこの地方の農民は、このような効果を正しくみつめてはおらない。この地方は、大阪という市場を狙って生産をおこなっている。そして稲はいつでも最も有利というわけにはいかない。他の作物もいれたいのだが、畑は殆どない。こんな事情で、空毛が考えられていたのである。このような着想を生かし、これを合理化していくこと、これが、農業指導者の任務である。徳川時代の進歩的農学者達は、この任務を正しく理解していた。明治初年日本に渡って来たフェスカ氏も、このような研究を重視した。「穀作農法の前進形態は、輪栽農法である。このような新農法に変遷する端緒をつかみたい」という意図のもとに、水田農業を究明している。

農村においても、このような試みは若干なされていたようである。フェスカ氏の名著『日本地産論通編』によると、筑後地方で、つぎのような輪作例を実見したそうである。

第一年　　一、菜種　　二、稲（晩種）

第二年　三、休閑　四、稲（早種）
第三年　五、麦　六、豆科植物
第四年　七、稲

京都府下大和田村では、つぎのような輪作法が見受けられた。

第一年　一、麦　二、煙草
第二年　三、麦　四、稲

又石川県下川合村では、つぎの型があった。

第一年　一、煙草　二、蕎麦
第二年　三、稲　四、麦

米作のかわりに蕎麦をいれた例は、土佐地方でもあったそうである。工芸作物である藍も、水田に若干はいっていた。その輪作法はつぎのようである。

第一年　一、麦　二、稲
第二年　三、菜種　四、藍

或は左のやり方もあった。

第一年　一、菜種　二、稲
第二年　三、麦　四、藍

このような端緒をつかんで、水田輪作法研究の要を彼は力説したのである。

ところが、それ以後においては、いわゆる御用学者が多くなり、封建的農業技術理論が栄えたのである。前章でも述べたように、二毛作型単純輪作法についても殆ど手掛けられなかったほどだから、正規輪作法の研究がふるわなかったことは申し上げるまでもない。終戦後私が提唱し、進歩的農学者によって初めて取り上げられたような事情である。東大野口彌吉先生は、『農村新聞』(昭和二十二年七月二日号)の中でつぎのように語っておられる。

「日本農業の欠点は、稲を連作しているために、稲以外の事柄があまり考えられていないということにある。それはなぜか、というと、小作料、租税の現物納などの関係から、せまい面積からできるだけ沢山のものをとらなければならない。そのためには技術上稲を作ることが一番だと考えられているからである。従って単位面積当りから最大の収量をうるために、世界でも最も多くの肥料をやり、また手間を非常にかけてきたのである。そこでこの欠点を改めるためには、この際思い切って稲の連作を改めて輪作することである。」

このような行き方に対して、収量ということを考えて心配する人がある。輪作をおこなうと、収量が減るのではないかと心配する人がある。この点については、今後大いに研究を進めなければならないが、心配無用と申し上げてよろしいように思われる。またつぎのような問題もあるだろう。

水田のなかで、畑作物はうまく出来るだろうかと。この点について、東畑精一博士は、著書『米』のなかでつぎのようにのべておられる。

——水田は特別の地位に立つ。水田に畑作物を栽培することは極めて容易であり、且つ生産力は畑地よりも却って大きい。——

もっとも水田輪作々物の選定については、今後一層研究をすすめていかなければならない。結局、水田輪作の研究は賑やかになりそうである。栽培学の見地からは野口彌吉教授が、土壌学、肥料学的見地からは石塚喜明教授が、畜産学的な立場からは井口賢三教授が、また経済学、経営学的な立場からは私といった具合で、現在研究がすすめられている。

こういった傾向はまことに喜ぶべきことであるが、同時につぎのような注意が必要である。最近反動的な学者であって、水田輪作とか、水田酪農とか叫ぶ人があらわれてきた。そうしてわれわれとまったく異った意図のもとに、その私案を語り、農民の農業革命、土地革命についての熱意を希薄化しようとする人々がある。土地革命などに、そうむきにならなくともよい。裏作の麦をやめて馬鈴薯でも作る。また、表作は三分の一内外（即ち百万町歩ほど）甘藷を作って稲をやめる。これで万事O・Kだ。甘藷作を基底とする輪栽式農業、これが日本の進路だなどと、まことしやかにのべている。

いも、大豆賛美者であり、あらゆる偏見を胸に蔵しているばかりでなく、これを著書にものせられる大槻正男教授は、最近『日本農業の進路』という本を公刊された。貧者必勝とか、独逸礼賛、家族労作主義の先導をつとめ、輪作農業をひどくきらわれていた大槻教授が、この大著をものされたということは、時代がしからしめたとでもいおうか。この著書は輪作を教えている。水田を、

表作　　裏作
稲　→飼料蔬菜→馬鈴薯

といった具合に利用するばかりでなく、さらに水田を畑に転換して、

表作　　裏作
甘藷→飼料蔬菜→馬鈴薯

とする。しかも、甘藷は第二年目において収量が最大になるから、甘藷を二年間連作し、三年目に稲に戻す、こういったことを考えているようである。なお、このほか水田転換畑の利用形式として、

甘藷（表作）→麦（裏作）又は

表作　　裏作
大豆→飼料蔬菜→馬鈴薯

というやり方も考えられる。その結果、四圃式（？）輪作法すなわち、水稲―菜種―大豆―青刈玉蜀黍―麦―甘藷―かぶ―馬鈴薯―甘藷―豌豆又はそら豆―水稲という順序で、四年間で一回りする方式がでてくる。この場合、夏作として水稲、甘藷、大豆、冬作として菜種、麦、豌豆、そら豆、春作として馬鈴薯、中間作として青刈玉蜀黍、

青刈大豆、大根、かぶ等がはいる。

以上の着想に対して、私はつぎのように批判したいと思う。

一、大槻教授は、日本の水田農業の行き詰りの真因を理解しない。そしてもうどうにもならないもののように思いこませている。そしていもをつくったなら、三倍でも五倍でも収量をあげることが出来るなどと説いている。いも作は、土地革命を必要としない安全（誰に？）作物であるとでもいうのであろうか。

二、水田輪作法において、豆科作物とともに根菜類を重視するということは、われわれも常に考えているところである。問題は甘藷の偏作になる。既に第9表でも示したように、日本の稲作農家の八十八％はいも作兼営農家である。さらに水田の三分の一をさいて、いもをふやす必要が果してあるであろうか。多汁性飼料の確保という意味からも、またわれわれの食生活（生活程度を下げ、人口をふやし、軍事勢力に迎合するという今までのいも食論者はともかくとして）の将来といった点からも、その必要はまずない。

三、大槻教授の着想は、労力の吸収、土地利用度の増大ということだけを考え、労働能率のよい農業をつくっていくという考えをもっていない。

四、水田輪作は、水田という生産の場を充分に活用し、今までの水田農業や、畑作農業と質的にことなった高次の農業を生みだしていくために構想されたものである。ところが大槻教授の考えは、そうではないのだ。単なる畑作化、経営多角化のための一私見に過ぎないのである。

註

もっと詳しく研究したい方は、つぎの参考書をご覧願いたい。

宮崎安貞著・土屋喬雄校訂…『農業全書』
中村吉次郎著…『先覚宮崎安貞』
佐藤信淵著…『草木六部耕種法』
佐藤信淵著…『培養秘録』
佐藤信淵著…『十字号糞倍例』
隣人之友社同人編…『佐藤信淵抄』
フェスカ著…『日本地産論』通編および特編
東畑精一著…『米』
大槻正男著…『日本農業の進路』
大槻正男…国民食糧自給生産への途（『農業と経済』第十三巻第一号）
大槻正男…農業経営の改善（『農政評論』第一巻第五・六号）

14　水田輪作農業への道

これからの農業は、どのようなものでなければならないか。この点について、カウツキーの言葉をもう一度反省して見たいと思う。

西洋でおこなわれた農業革命！「この革命は、農民のうちのめすような窮乏と、おしつぶすばかりの無智とによってなされてきた、おきまりの仕事を、科学化してしまい、数世紀の長きにわたる農業の停滞を打破し、生産力の急速な発展に刺激をあたえた。三圃農法は輪作農法におきかえられ、家畜の飼育は改善され、土地の耕作は改良された。農業への機械の応用も初めておこなわれ、急速に発展しはじめた。電力の応用もまたはじまった。」

わが国においても、このような変革が問題であったのである。そして具体的な解答ができあがったわけである。第11図を参照されたい。

水田輪作!!　この農法は、農民のうちのめすような窮乏とおしつぶすばかりの無智とによってなされてきたおきまりの仕事を、科学化してしまう。経済上あるいは自然上の諸危険に対しても、積極的適応力をもっている。農民の頭脳を訓練し、水田農民を新しい人間類型にまで高めることができる、強い力をもっているのだ。この農業は、在来の澱粉エネルギー偏重式農業ではなく、栄養均衡の原則に立脚した農業である。この農業は掠奪農業ではなく、地力維持農業である。家畜飼育の余地は充分に考えられており、機械の応用もまた可能である。電力も充分活用することができる。しかして生産力は増進し、人手も土地も能率的に使用することが

(A)　水田農業と輪作

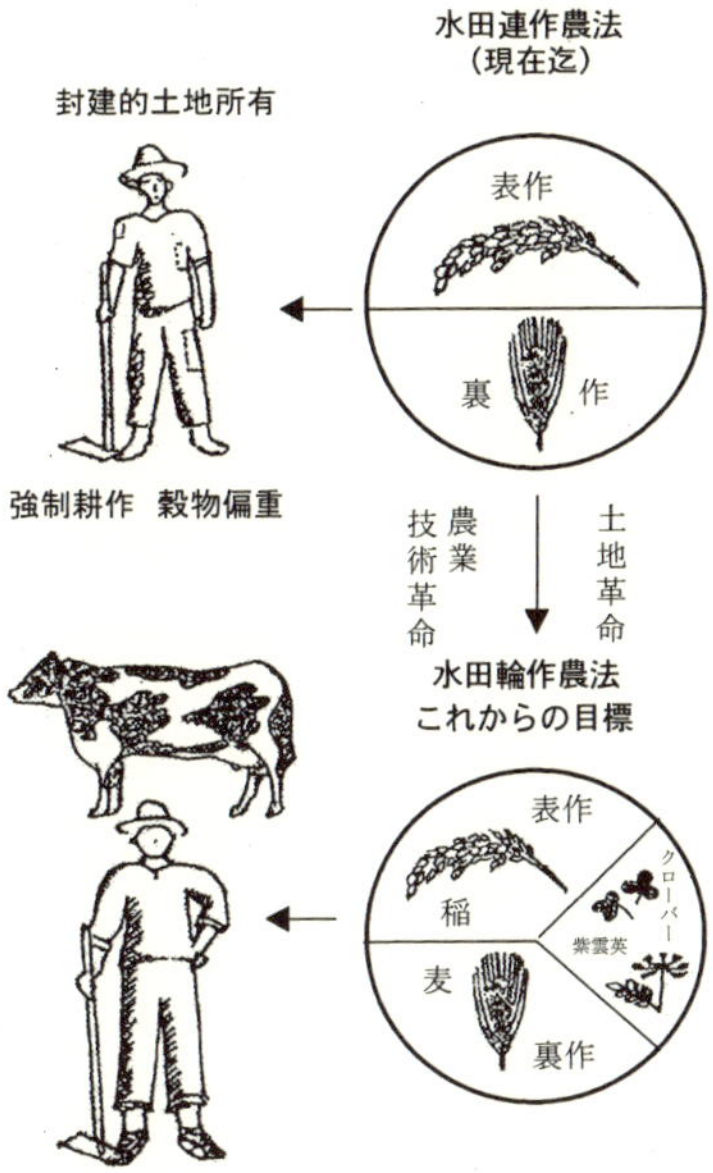

第11図　東洋における水田農業の進路

できる。農村工業の発展のためにも、非常な意義をになっている。このような性格によっても明かなように、水田輪作農業は革命的な農業である。この水田輪作農業を確立することによって、初めて農業革命がなしとげられるのである。

水田輪作農業を円滑に進展させていくためには、どうしても土地革命を完成しなければならない。ご承知の通りヨーロッパにおける進歩的輪作農業は、強制耕作制度の打破、土地による諸束縛の解消によって初めて可能となった。われわれの場合も、これと全く同断である。官僚的地主的作付け強制態勢を一日もはやく打破し、農村を民主化しなくてはならない。水田利用の自由を獲得していかなければならない。農奴的水田農業の桎梏から脱却していかなければならないのである。

法律的形式的な面からいっても、今までいろいろな作付け強制法規があった。所有権絶対を謳歌するわが民法、農業法等にもとづく作付け強制、農会法にもとづいて農会のおこなう作付け統制、国家総動員法にもとづく臨時農地等管理令第十条の規定による作付け統制、さらに臨時農地等管理令の規定を具体的に、しかも一般化し、全国的に一律に実施しようとする農林省令農地作付け統制規則および農林省令作付け統制助成規則による作付け統制、さらにまた、国家総動員法に準拠した農業生産統制令による作付け統制等々を利用して、軍事的地主的官僚的諸勢力は十重二十重に水田農民を圧迫した。稲、麦、甘藷、馬鈴薯、大豆等、いわゆる食糧農作物確保を口実として、革命的農業の芽をつみ取ってしまったのである。

このような現象は、戦争中においてあらわれたばかりでなく、過去においても、また現在においても、看取することができる。たとえ法律が民主化されても、実質的に作付け強制を維持したり、農民の自主性を生かすまいとする勢力がいまだに残存している。このような意味からも、下からもりあがった新しい力が必要なのである。下からもりあがった耕作農民の力によって、土地革命を完成しなければならない。この仕事は大事業である。しかしこれだけで、万事O・Kというわけにはいかない。土地革命の遂行は、農業高度化の前提条件であるに過ぎない。

そのような前提条件のもとにおいて、水田輪作農業を如何におこなうか。単一家族経営の形でいくか、協同経営の形でいくか、それとも資本家的経営をとるか、これが問題である。農村を民主化し、生産力を増大するために、どのような形態がよいであろうか。この問題は、いろいろな角度から検討されなければならない。このこまかな点については、他の著述に譲りたいと思う。ここでは結論だけを申し上げる。

私は協同経営をとるべきだと思う。現在わが国は自由地をうしない、人口は増加している。農民階層の分解、すなわち、あがって大農になる農家と、さがって小作や労働者になるという分解は、充分におこなわれそうではなく、むしろ、農民全体が零細化し、貧農化しそうである。工業の方も、雇傭の口はさほど大きくはない。地力の減耗、生産資本の磨滅、国際貿易の再開など、日本農業の危機は、いまや眼前に迫っている。生産手段の供給も、決して潤沢ではない。農産物価格の低下する悪条件のもとにおいて、農業の近代化を進めていかなければならないのだ。農業近代化の道は、経営規模を拡大し、資本を活用するというところにある。このようなことを考えあわせると、協同経営主義をとらざるをえないのである。

水田輪作を成功させるためには、協同経営をとらなければならない。また、水田輪作という農業は、もともと協同経営にむく農業であり、協同経営主義を現実化するための着想である。私の水田輪作に関する提唱に同意せられた松尾孝嶺氏も、ある座談会の席上で、大要つぎのように発言されている。

「これからは、水田地帯の一部を畑地に転換していくということがどうしても必要だと思う。たとえば、水田の一部に牧草や緑肥作物を作って、そこに酪農形態をとりいれていくということが起る。そのことが、稲作作業の労力を節約することになり、また地力をあげることによって反当生産力もあがってくる。しかしそういうふうにするためには、水利体系が集団的に成り立っている水田地帯の場合、一軒の農家——しかもとびとびに自分の田をもっている——では、勝手に自分だけで水田を畑に切りかえることは絶対にできない。やはり協同経営的なものがそこにできあがってこないと不可能だ。」

協同経営の必要は、つぎの部でいよいよ明かとなるのだが、今までの説明でもはっきりおわかりのことと思う。水田輪作をおこなうためには、どうしても耕地を合理的に配置しなければならない。水利設備を整えなくてはならない。また、水田輪作の土地配置、水利設備に合致するような大家畜、自動耕耘機、電力耕耘機等の導入が問題となる。農業の組織化、社会化、そして協同化、これが水田輪作農業への正規の道である。

註　本章に関係ある参考書としてつぎの如きものがある。

(A)　水田農業と輪作

カウツキー著・向坂逸郎訳…『農業問題』

レーニン著・直井武夫訳…『農業における資本主義』

農業技術協会編…『作付統制の解説』（農業技術協会叢書第一輯）

桜井　豊…農業再建の課題と展望（『千葉県農業会農政資料』第五輯）

座談会…恐慌対策に綜合経営を（『農業朝日』第二巻第一号）

(B) 水田農業の有畜化

15 反動陣営のチョボクレ

反動作家である和田傳氏は、健民(?)新書『日本の農家の話』のなかで、大要つぎのように説いている。

「日本の農家は、穀物を作り、家畜をいれない。そして主食として五穀をえらび、副食物として野菜をとっている。このようなやり方は、わが国の風土によって制約されたものであり、この国の風土に適応しながらうちたてた方法であり、はかり知れない祖先の慧智から結論されたものである。この小さな島国、しかも平野よりも山地の方がはるかに多いいわば山国に、将来大いに発展し、膨張する民族を住まわせやしなうためには、肉食を斥け、もっぱら穀食菜食によらなければならぬことを知ったのは、われらが天孫族の驚くべき慧智からであったと思われる。肉食つまり牧畜による生活の維持が、穀食とちがってどれほどひろい土地を要するものであるかを計算して見るならば、この事情はよく了解してもらえると思う。同じひろさの土地から、牛肉なら一斤しかとれないが、穀物なら一石とれるという。

牛一頭の飼育には、一町歩や二町歩の草で足りないことは周知の通りである。明治の初年、西洋の文物が急潮のようにわが国に浸潤しだした当時、一部欧化主義者のなかには、田畑を廃して牧草を栽培し、家畜を飼養せよと説くものがあった。これに対して、敢然として戦ったのが船津傳次平である――。」

このような説明をつづけながら、和田氏は俗耳にはいりやすいチョボクレを愛唱している。ここでは、船津氏の「稲作小言」というチョボクレを少し引用してみよう。

御米を廃して　肉食世界に
改良しなさる　御説も聞いたが
肉食世界を　拒むじゃなけれど
獣類何ほど　繁殖なすとも
値段が高くちゃ　下等の人民
食うこと叶わず
肉食するには　現今一日
四、五十銭　要するなるべし
米なら三銭　四銭で沢山

穀類作れば　一反二反の
僅かな田地の　収穫ものでも
一戸家内の　四人や五人は
年中食わして　余りがあります
牛馬を一頭　そだてて見なさい
一町二町の　草では足るまい
或人申すに　数年原野に
放牧するには　一頭飼育に
六、七町歩の　地面を要すと
ヤレヤレ皆様　よくききなされよ
六、七町歩に　一頭ぐらいを
飼うよなことでは　三千八百
余万の人民　匂いを嗅ぐには
足りるであろうが　食うには足るまい……

このようなチョボクレでうっとりと眼をつぶっていた和田地主氏は、やがてつぎのように結論している。

「日本の国の狭さや風土では、家畜は向かない。単位面積からの収穫量の多いもの、つまり人口をやしなう力の大きい生産物として、牧畜よりは五穀をつくる農業を選んだのは、われらの遠い祖先、天孫族のはかり知れない慧智からであった。日本の原野に生ずる草類は、季節風帯に特有な、非常に水分の多い、また硬い草であって、飼料には適しないし、——この点に疑問をもたれる読者は、後掲する川瀬勇氏の著書等を参照せられたい。——かといって、牧草を栽培するには雨量が多く、雑草の繁茂があまりにも旺盛なため不可能である。わが国において、有畜化をすすめるような奴は、まさに天物を暴殄する自然の叛逆者である。」

まことに大変なことになったわけである。

このような熱烈な文章は、どのような動機でできあがったのであろうか。この点については、後章の「明治の地主たち」というヵ所や、「遠い牧歌」、「人々地につながりて」等々の諸名作を一読していただきたいと思う。そこには、「小作料は高ければ高いほどよい。農民は油断しないで精いっぱい働くから」とか、「薬代は高いほどよい。農民は病気にならぬように気をつけるから」などといった、あたたかい精神が全文章にみちみちている。

このような著書の真意をさぐったり、批判したりすることは極めて容易なことである。「はかり知れない祖先の慧智」とか、「天孫族の驚くべき慧智」の結果、できあがったという穀作偏傾農業の成果は、いったいどのようなものであろうか。

わが国水田農村の保健状態については、つぎのような特異性（漁村や畑作地帯と比較して）が指摘されている。

一、死亡率が高い。
二、夏季に死亡者が多い。
三、女子の死亡率は男子よりも高い。
四、結核死亡率が高い。
五、女子結核死亡率が高い。
六、乳幼児死亡率が高い。
七、死産率が高い。
このような結果は、
1技術の低位性。

2労働分配の不平均。

3婦人の働き方がひどすぎる。

4食糧は単純且つ劣悪である。特に米と蔬菜とにかたより、動物性食糧の摂取量がすくなすぎる。米の多量摂取は流産と関係があり、蔬菜の多量摂取は寄生虫病患者を続出している。

5夏季の高温多湿時において、除草作業など苦しい労働をする等々によるものである。この点については、矢島武氏の非常によい論文がある。

(B) 水田農業の有畜化

このように、在来水田農業の特質を正しく指摘されながら、その克服策について明解を欠き、「水田輪作についての反対意見」の章でのべたような謬見を展開されたことは、まことに残念である。

註　つぎのような参考書があるから、それらによって正しく批判せられたい。
和田　傳著…『日本の農家の話』
和田　傳著…『農村生活の伝統』
和田　傳著…『船津傳次平』
川瀬　勇著…『実験牧草講義』
川瀬　勇著…『牧草（主として豆科牧草）による野草地の改良について』
矢島　武著…『北方農業の性格』
林　俊一著…『農村医学序説』
高橋　実著…『東北一純農村の医学的分析』
山本　包慶…農業形態と保健問題（『健民』第七巻第八号）

16　大家畜も飼料畑一反で飼える

日本の風土では家畜を飼うことが出来ないとか、家畜を飼うことは不利であるといった結論は、反動者の慧智――子供だましの――から生まれたものである。裏作をするとたたりがあるなどといって、小作者の創意を一掃するに努めた（例えば千葉県夷隅郡千町村において、このような流言を直接聴取した）地主の慧智と同じように、とりとめのない謬論である。

また、牛馬を育てるためには、六町歩も七町歩も土地がいるのではない。耕地を自由に使わせてもらえるならば、一反か二反でことは足りる。北海道のような場所でも、一町歩で結構である。この点について、小松純之助氏は大要つぎのようにのべておられる。

「一年間に一五—一六石程度搾る牛には、一日当り夏には青刈飼料十四貫、乾草八百匁ないし一貫、冬ならばかぶ、大根等の根菜類を十貫、エンシレージ四ないし五貫、乾草八百匁ないし一貫を要する。従って都府県では乳牛一頭当り一反歩、北海道では一町歩の飼料作物畑で足りる。」

大家畜も飼料畑一反でという考え方は、わが国ですでに定説になっているようである。東京府種畜場でおこなった研究（玉蜀黍、燕麦、紫雲英、大根等の輪作栽培を中心とする）でも、松岡忠一博士の研究でも、「一反説」がでているばかりでなく、現に農家でそれを裏書きしているものもある。

東京府種畜場の研究については、河上清氏や長坂忠次郎氏の論文発表がある。ここでは松岡忠一博士の研究と、生稲清氏の事例を紹介するにとどめておこう。

(B) 水田農業の有畜化

博士の青刈作物を中心とする飼料作物集約栽培法（この研究は宮崎高等農林学校でおこなわれた）によると、作物をつぎつぎに栽培し、一作物を収穫するまえに、間作をおこなうようにして種子をまき、最もよく土地と時間とを利用すれば、一年に数回の収穫がえられ、その収穫のみによっても、一反歩一頭の仔牛を飼養することができるということである。その集約栽培法の構想は、大略つぎのようである。但し、根菜類をのぞいた作物は、全部青刈りにするのである。

A、春期に播種するもの

燕麦、小麦、玉蜀黍、パール・ミレー、大豆、落花生、甘藷、馬鈴薯。

B、晩春期に播種するもの

玉蜀黍、ひまわり。

C、早秋期に播種するもの

ビート、マンゲル、スエーデンかぶ、レイプ、大根。

D、晩秋期に播種するもの

ライ麦、燕麦、小麦、豌豆、そら豆、菜種。

いま、松岡氏のおこなった集約栽培例について、若干表示してみよう。第17—21表を参照せられたい。

千葉県安房郡那古町正木の農家生稲清氏も、「実際家・指導家は語る、乳牛の大座談会」という集りで、牛一頭を飼うには飼料作物の畑が一反—一反五畝あればよいといっている。その飼料作物の作り方は、大要つぎの通りである。

(B) 水田農業の有畜化

第 17 表　飼料作物の集約栽培例（その 1）

種　別	播種期	収穫期	反当り生草収量
			kg
玉蜀黍	5 月12 日	7 月15 日	5,110.9
玉蜀黍	7 月15 日	9 月12 日	2,053.8
豌　豆	9 月 6 日	12 月21 日	4,167.5
燕　麦	12 月24 日	5 月17 日	2,826.7
合　計			14,158.9

第 18 表　飼料作物の集約栽培例（その 2）

種　別	移植期	収穫期	反当り生草収量	同塊根収量
			kg	kg
甘　藷	5 月5 日	10月　7 日	5,351.6	1,866.6
菜　種	10 月 2 日	3 月 26 日	5,063.8	
合　計			10,415.4	1,866.6

第 19 表　飼料作物の集約栽培例（その 3）

種　別	播種期（移植期）	収穫期	反当り生草収量	同塊根収量
			kg	kg
甘　藷	5 月25 日	10 月21 日	4,216.0	2,386.6
そら豆	10 月15 日	3 月26 日	4,985.0	
燕　麦	3 月26 日	5 月29 日	516.7	
合　計			9,717.7	2,386.6

第 20 表　飼料作物の集約栽培例（その 4）

種　別	播種期	収穫期	反当り生草収量
			kg
玉蜀黍	4 月 16 日	7 月 12 日	6,881.3
玉蜀黍	7 月 15 日	9 月 12 日	2,053.8
菜　種	9 月　6 日	4 月　6 日	6,453.3
合　計			15,388.4

第 21 表　飼料作物の集約栽培例（その 5）

種　別	播種期（移植期）	収穫期	反当り生草収量	反当り塊根収量
			kg	kg
玉蜀黍	4 月 16 日	7 月 12 日	6,881.3	907.0
甘　藷	7 月 15 日	11月 11 日	2,890.0	
菜　種	11月 11 日	4 月　6 日	6,453.3	
合　計			16,224.6	907.0

「コーン（飼料用玉蜀黍）は、年三回まく。まず第一回のまきつけは三月下旬頃、その後中耕し、除草し、厩肥をあてがってやると、五月の下旬にはもう飼料として充分なものになる。これを刈りとって順次に食べさせ、六月頃から第二回目をまきはじめる。もっとも一度ではなく、つぎつぎにあとから追いかけてまいていく。三回目のまきはじめは、七―八月頃である。第三回目の半分は、エンシレージにする。牛一頭に一反五畝をあてると、反収は一五〇〇貫内外あるから、半分はエンシレージ用として用意できるわけである。

コーンの時期が終ると、八月下旬から家畜用蕪の栽培にうつる。八月下旬から九月の初旬までにまいてしまうのである。中耕除草は二回ほどやる。これを食べさせる時期は、十二月の下旬から三月までである。而して飼料で困るのは、作物から作物にうつる中間の時期である。もっとも、牛一頭くらいなら、山の草や土堤の雑草で足りるが、牛四、五頭では、そうはいかない。であるから、コーンのエンシレージということをぜひとも考える必要がある。これを九、十、十一の三ヶ月間食べさせる。蕪の収量は、うまくつくると反当り一五〇〇貫ないし二〇〇〇貫はとれる。

そのつぎは家畜用ビートである。家畜用ビートは、十月一ぱいにまきつける。間引は十一月頃からはじまる。中耕除草は二回ほどやる。実際食べさせるのは春の彼岸頃からで、五月くらいまではこれを食べさせておる。このビートは、私どもの地方では、蕪のように根は充分育たないので余り大きくはならず、反収も一五〇貫ないし二〇〇―三〇〇貫の程度である。」

なお、岡山県の事例については、鶴田祥平氏の論文をみていただきたい。

註
小松純之助著…『酪農業の本質』
川瀬　勇著…『実験牧草講義』
齋籐道雄著…『飼料学』(上巻)
参木晋七郎著…『有畜農業相談』
東畑精一…日本農業の再建(大倉山文化科学研究所編『新日本建設原理』所載)
松岡忠一…飼料作物の集約栽培に関する研究(『宮崎高等農林学校学術報告』第四号)
松岡忠一…有畜農業と飼料の集約的栽培(『家畜』第二十巻第四号)
座談会…飼料を自給するには(『農業朝日』第二巻第八号)
座談会…実際家・指導家は語る乳牛の大座談会(『畜産』第二十五巻第一号)
鶴田祥平…歴然たる実績(『畜産』第十九巻第六号)
出納陽一…北海道の酪農と酪連の事業(『社会政策時報』第二百三十号)

17　水田有畜農業への道

かつて山崎延吉翁は、水田経営の在り方についてつぎのように説明されたことがあった。

米作一本の農業……直線農業、危険農業

米作＋養蚕…………並行線農業、落第農業
米作＋養蚕＋畜産……………………三角形農業
米作＋養蚕＋畜産＋園芸………………四角形農業
米作＋養蚕＋畜産＋園芸＋加工業……五角形農業
（三角形・四角形・五角形農業）及第農業

しかし、このような説明を早のみこみして、経営を多角形化してはいけない。在来の零細農の形で、経営を多角化するということは、経営の緊張を阻害するだけだからである。つまり、多角形農業は必ずしも及第農業ではないのだ。経営規模の拡大、資本の活用を意図し、農耕と血の通った多角化を実現するということが大切である。

農業有畜化の問題について、我妻東策博士は、『朝日新聞』（昭和二十二年七月八日）紙上に、大要つぎのように論じておられる。

「（前略）農地改革によって多数の自作農ができたが、農民はばらばらになって資本家の支配に服し、やがて統制も緩和され、外国産食糧の輸入も増加するというようなことになったら、零細農の多い日本では、革命が逆転するおそれがある。なんといっても、各個の農業経営を強化することが農業民主化の重点でなければならない。そのためには、農業経営をまず有畜化することが第一歩であることは、今日では常識になっているのであるから、アメリカから乳牛その他の家畜を大量に輸入することが最も重要な手である。財界方面では、クレジット懇請について動いているようだが、この家畜輸入のため、クレジット懇請運動を農業界に起して、これを通じて農業協同組合の組織に着手すれば、日本の農業再建も米国の好意でからなず成功することになると思う。」

この意見は、山崎翁の多角形礼賛論と同じように、いろいろの問題がある。この点について、菱沼達也氏は、『朝日新聞』(同年七月十三日紙上)で大要つぎのように論じている。

「八日の「声欄」で、我妻博士は、各個の農業経営を強化することが農業民主化の重点でなければならず、そのためには農業の有畜化が必要であり、その重要な手として、アメリカから乳牛その他の家畜を大量に輸入する農業クレジット懇請運動を起せと説いておられる。だが農業有畜化の問題は、果してそんなものであろうか。昭和のはじめから、わが国では盛んに有畜農業が奨励された。そしてその結果、なるほど牛馬の飼養戸数は、大正十一年の二十三万戸から昭和二十一年の二十六万戸にふえ、羊の如きは約八十倍にふえている。(もっとも豚のように五分の一に減ったものもあるが。)

しかし、折角農業に家畜がとりいれられても、牛馬は人の何%かの時間しか労働せず、いたずらに厩で大食して糞畜となり、配合飼料が買えなくなると、乳牛もとんと乳をださなくなってしまった。だから飼養戸数は八十倍にふえた羊も、一戸当りでは八頭から一頭半に減じ、養畜の規模はますます零細になったのである。へたをすると、わが国の農業は牛馬に食われ、豚に食われ、彼らからあたえられるものは、ただ糞だけになりそうなのである。

なぜか。それは、わが国の農家の経営規模がまことに零細なためであり、かつこれまでの有畜化の奨励は、この零細な経営の弱い骨格を家畜によって強化しようというたて前をとらず、ただつっかい棒式に家畜をつぎこんだだけのことだったからである。だから今後の有畜化の方向は、決して今までと同じであってはならぬ。日本農業の弱い骨格を家畜によってたくましくし、もっともっと役畜を利用する労働生産性の高いものにしていかなければならない。そしてそうなってこそ、乳牛や豚ものびのびと飼われ、豊かな生活が農民に保証されるようになるであろう。しかしそのためには、博士が見送っておられる農業の協同化が、有畜化の面からこそ切に望ましいのである。」

前章でものべたように、大家畜を畑一反で飼うことは可能である。しかしそれであるからといって、在来の水田はそのままとし、畑の方では例の集約飼料栽培をする。そして役畜も使いきれないような条件のもとで、乳牛を飼うといった真似をしてはならない。これは落第農業である。多角形落第農業である。木に竹をつぐような不自然な体系ではなく、血の通った、有機的な多角化が問題である。

川瀬氏によると、例の松岡式飼料栽培法は、つぎのような性格をもっている。

「この青刈りを中心として栽培する集約的飼料栽培法の長所は、収穫量が多く、一定面積に対して家畜を多数飼育しうる点であるが、つぎの如き欠点をもっている。

A、栄養の調節がむづかしい。すなわちこの方法によれば、時節によって異った飼料を与えることになる。たとえば青刈燕麦を早春に、晩春には青刈大豆を、夏には青刈玉蜀黍を、そして秋には根菜類をあたえる時には、第一者の蛋白質量と第二者のそれとは、可なりの差があり、鉱物質にしても、根菜類と他の青刈りとは大いにその量が異るが故に、家畜に一定せる栄養価をもった飼料を与えることが困難で、調節することがむづかしい。

B、労力をおおく要する。すなわちつぎからつぎへと作物を栽培するのであるから、労力をおおく要する。

C、経費を多く要する。すなわち多くの作物を栽培するが故に、種子、肥料、刈入れ、耕耘、その他の経費をおおく要する。」

このようなやり方で、飼料畑と水田をくっつけたところで大した意味はない。水田農業を前進せしめうる技術体系、つまり水田輪作農業に最もよく適合するばかりでなく、水田輪作農業に生気を吹き込みうる有畜化、これが問題である。すでに説明したように、現在までの研究成果によると、稲にとって最上の前作は牧草であって、つぎが園芸作物ということになっている。こういった具合で、水田輪作農業というものは、水田有畜農業化を促進する。単に促進するばかりでなく、非常に有利な条件でこれを促すのである。

(B) 水田農業の有畜化

たとえば——これは大雑把な計算で恐縮だが——大家畜一頭を飼うには、北海道（水田一毛作地帯）では転換畑

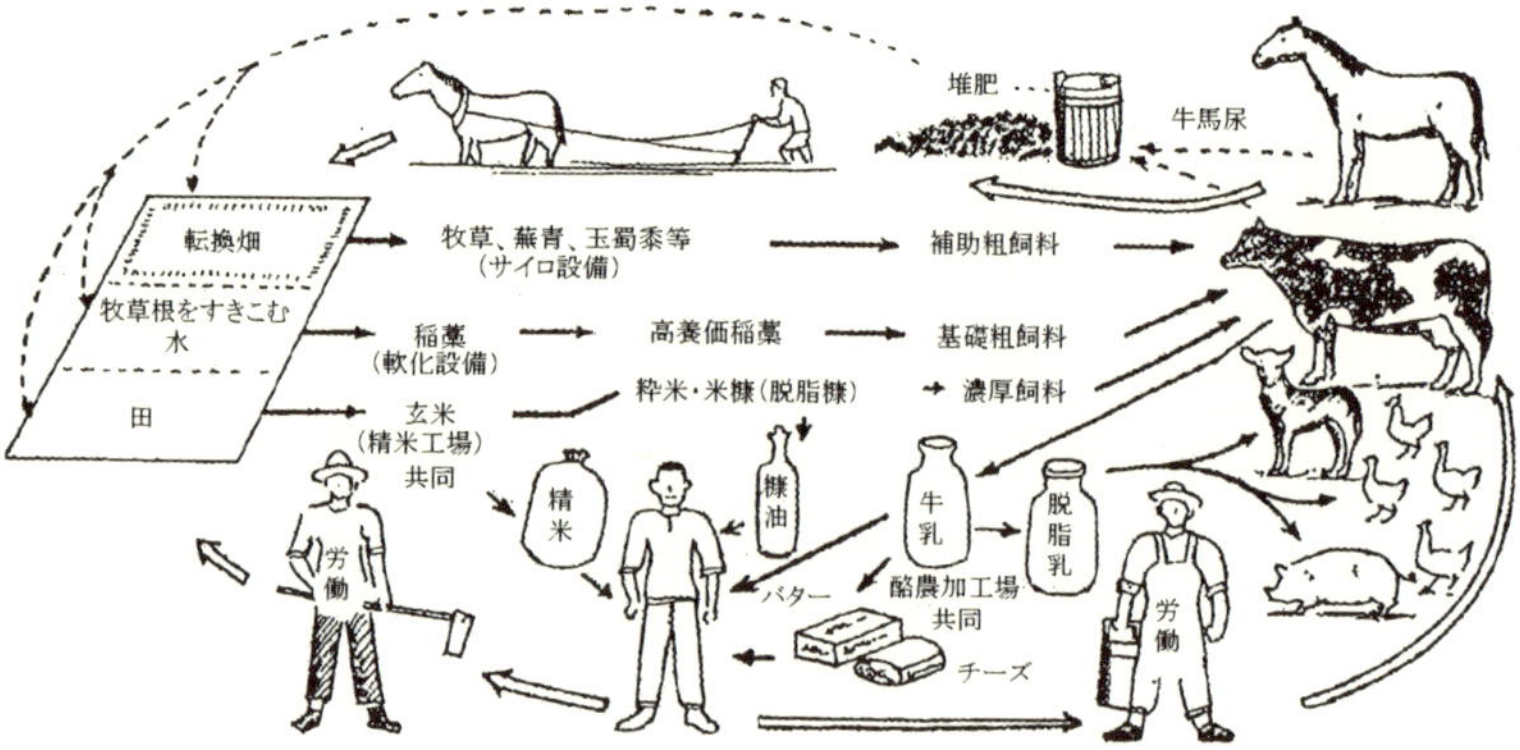

第12図　水田有畜農業における循環関係

三反（稲藁は水田七反分）、東北六県（水田一毛作緑肥裏作地帯）では転換畑二反（稲藁は水田六反分）、水田一毛作半地帯では転換畑七畝（稲藁五反分）、二毛作地帯では転換畑三畝（稲藁四反分）の土地で充分である。しかも松岡式のような欠点を是正することができる。

また、家畜をとりいれることによって、厩肥や畜尿もでてくるが、このうち、畜尿を転換畑に、厩肥を水田にあてがうことによって、一層の成果が約束せられる。役畜は元気いっぱいその職分をはたし、畜産品も増加してくる。そればかりではなく、米は増収し、しかも費用を削減することができるのである。

しかしこれをおこなうためには、条件がある。協同経営的なものをもりたてていくという意味でとりあげていただかねばならない。あとで詳しくのべるが、つぎの諸点すなわち、

1稲藁の合理的配分―飼料と包装材料と加工用原料

2役畜および用畜の専門的利用―役乳兼用種の導入も考えられる。しかし最高の労働能力と最高の泌乳能力とはたがいに結びつきがたいものである。

3耕地の合理的利用—輪作の合理化、放牧地、運動場の設定

4固定設備の経済的使用—籾摺り精米工場の協同経営（これによって米糠や砕け米を確保し、濃厚飼料として使用する）、畜産加工場の共営（脱脂乳の円滑な還元）、稲藁の軟化設備の協同利用—等々を考えていただかねばならない。

これらの点を上手にやっていくと、水田輪作という農業が落着いたものになってくる。前進態勢の水田農業、すなわち両肢水田農業がはじめてできあがってくるのである。第12図を参照せられたい。

註　次のような参考書を読み、正しく批判していただきたい。

『山崎延吉全集』

下村海南著…『これからの日本と世界』

我妻東策著…『日本農業民主化論』

川瀬　勇著…『実験牧草講義』

桜井　豊…アメリカ農業に学ぶ（『農村文化』第二十六巻第二号）

18　水田輪作農業と役畜

(B)　水田農業の有畜化

水田農業の有畜化を考える場合、まず、第一に考えなければならないのは役畜である。役畜を導入し、これを上

第22表　経営規模、馬および牛の確保程度による日本本土（北海道を除く）の農家の分類

種　別	農家の割合	馬		牛	
	%		%		%
1町歩未満	70.0	0　頭	82.6	0　頭	75.9
1町より2町歩	23.0	1　頭	15.6	1　頭	20.5
2町より3町歩	5.3	2　頭	1.5	2　頭	2.7
3町より5町歩	1.5	3－5頭およびそれ以上有	0.3	3－5頭およびそれ以上有	0.9
5町歩以上	0.2				

手に利用していかなければならない。今までの水田農業は、殆ど役畜をもっていなかった。昭和十年度の統計でいうと、本土（北海道を除く）五百四十万戸のうち、馬をもたぬ農家の割合は八二・六％である。そして一五・六％が一頭ずつ馬をもち、二頭ないし五頭および五頭以上所有する農家は僅か二％に過ぎない。また、全農家の三分の二以上（七六％）は、牛をもっていない。いま、シャー・リフ氏の資料によって、この間の関係を表示してみると、第22表の如くである。

このように、牛馬ははいっておらない。また、たまたまはいっている農家であっても、よく使い切ってはいないのである。役畜を一年間二十日も使ったらよい方である。よく農繁期のことを猫の手も借りたい季節だなどというが、猫どころか、もっと役に立つ牛や馬を昼寝させている。これらのものは役畜ではなく、肥料製造機として重んぜられておったに過ぎない。

役畜を活用するためには、第一に、経営規模が大きくなければならない。馬一頭で五町歩、牛一頭で二、三町歩、この程度は充分引き受けることができる。第二に耕地が集団化し、一枚の広さも相当なければならない。いま農林省畜産局編の『本邦における畜力利用状況』によって現在の状況を示してみると、第23表の如くである。

このうち、最大の大いさ程度が一番よいと思う。五反歩集団ということを実行して

第23表　畜力を利用する水田一区画の大いさ（農区別）

種別	最大	最小	普通
	反	反	反
北海道	5.00	0.20	1.00
東北区	3.83	0.35	0.99
関東区	2.64	0.18	0.74
北陸区	3.08	0.08	0.71
東山区	3.33	0.12	0.48
東海区	2.33	0.13	0.70
近畿区	4.67	0.11	0.83
中国区	4.40	0.16	0.81
四国区	4.00	0.10	0.95
九州区	5.43	0.22	0.66

いきたい。長辺の長さは五〇メートルを最短とし、長いほど結構である。現在の耕地整理のやり方だと、だいたい五〇メートルと二〇メートルのようである。既整理地でも、長辺を利用すると、畜力作業ができる。しかしできうるなら、二〇メートルの反区を数反区に直結して、六〇メートル—二〇〇メートル程度のものにしたいのである。第三に、廻転道路を用意しなければならない。手労働農業であると、廻転道路の必要はないが、畜力農業ということになると、廻転道路を考えなければならぬ。廻転道路としては、公道の利用以外は一部耕地を割愛しなければならない。その幅は、役畜の胴体の長さに二〇センチメートルをくわえた程度でよろしい。この道には赤クローバーなどをいれ、家畜の飼料として利用する。

以上は、畜力農業実施に関する諸準備についてのべたのであるが、この準備項目はさきにのべた水田輪作実施準備と驚くほど一致している。しかも水田輪作農業をおこなうと、飼料が保証される。人手を省き、収量をどんどんあげていく水田農業ができあがってくるわけである。

役畜機械化農業ができていくということは、非常に嬉しいことである。しかし、それだけで満足してはいけない。農業技術の進歩とともに、動力交代現象が見受けられる。役畜機械化につづいて、無畜機械化が展望される。現に自動耕耘機や電力耕耘機がものをいう時代も考えられる。われわれの水田輪作農業は、この点を見越して着想せられたものである。土地の利用の仕方について、小細工もしないし、圃場の大きさも機械力の利用に好適なようにできている。作業の協同化、作業の標準化と簡略化、労働の組織化等についても、研究してきた。トラクターも充分駆使しうるであろう。

農業機械化論に対して、つぎのような偏見がある。「畜力に動力機械が代替するときには、役畜の飼養を必要としなくなり、厩肥をとおしての肥料分還元作用を失って、とかく地力を消耗せしめる」…こんなことを大槻教授はいっている。また野間海造氏なども、これに同調し、機械化論者を国賊などと呼んだことがあった。この見解は、明らかに誤謬である。トラクターのようなものが普及したからといって、直ちに役畜が無用になるわけではない。主要な耕耘整地作業は、トラクターにおきかえられても、役畜にはトラクターではなしえない役畜独特の作業領域があるのだ。現にアメリカは十九世紀にはいると、無畜機械段階にはいったと称せられてはいるが、今日なお役畜は農業動力の三〇%を占めている。ソ連の場合も全く同様である。一九三九年公刊された『ソ連農業の勝利』という本の中に、つぎのような文句がある。

「ソ連農業の諸条件においては、トラクターは馬の対立物ではない。コルホーズの機械改装は、単純な生産手段の廃棄を伴わず、むしろトラクター配給所の複雑な機械と、コルホーズの単純な生産手段との結合にもとづいておこなわれる。機械トラクター配給所の活動実践は、機械牽引と役畜牽引を正しく分配するならば、トラクター自身の利用水準は向上し、コルホーズの全農業技術は改良されるだろう。」

トラクターと役畜とが合理的に調整された段階、これがいわゆる無畜機械化段階の真の姿なのである。このような動力利用の調整は、協同経営において初めて可能である。耕耘、砕土等の重作業はトラクターで、代掻きのような軽作業は役畜で、といった具合に、動力を利用することができる。人間のみならず、役畜の過重作業負担も、これによって軽減されるのである。

役畜機械農業につづくもののことを、無畜機械農業と呼ぶのが普通であるが、この表現は実は正しくない。この点については、既にご了承のことと思う。しかし、とにかく役畜の数を減らしていくことは事実である。ところが反面、用畜を増加させていくのである。このような関係は、アメリカでも、ソ連でも、はっきり見受けられた。ここでは吉岡氏の説明を聞きたいと思う。

「耕耘機に対する積極的な反対の理由は、耕耘機が役畜を駆逐して有畜農業を滅亡せしめ、厩肥の施用が減退して地力が減耗するというにある。しかしながら、事変下において、有畜農業を滅亡せしめつつあるものは耕耘機ではなくて、飼料の不足である。従って飼料の増産なくしては、有畜農業の発展はあり得ない。ところで、飼料の増産は、耕耘機を必要とするのである。けだし、短期間に大面積の耕耘整地をなしえなくては、飼料作物の増産は実現されえないからである。新潟県下の飼料裏作大麦の栽培が、耕耘機の採用によってはじめて実現されつつあること、岩手県において、あらたに飼料作物を栽培するために耕耘機がとりいれられつつあることなどが、それを実証しているのである。また、牝馬の妊娠率を高めて仔馬をおく生産しようとすれば、妊娠馬の重労働を軽減しなければならないのである。仔馬の増産のために、耕耘機を採用する農家のあらわれた秋田県の実例は、馬そのものの増産のために耕耘機が必要であることを実証している。

更にまた、一頭の役畜から生産される厩肥は、一毛作地ならば一町歩、二毛作地ならば五反歩の必要をみたにすぎない。従って、地力は一頭の役畜だけで充分に保持しえない。地力保持のためには、輪作を合理的にし、緑肥作物を増産しなければならないのである。緑肥作物の主要なものは紫雲英であるが、紫雲英を栽培すれば、紫雲英そのもののためにあらたなる労力を要することはいうまでもないが、紫雲英跡地の耕耘整地を著しく困難にする。この困難を克服するものは、耕耘機のほかにないのである。

かくて耕耘機は、決して有畜農業を駆逐しないのみならず、却って飼料を自給し、役馬の過労を軽減することによって、健全なる有畜農業を発展せしめるものである。岡山県における耕耘機の先進地において、役畜の代りに乳牛の飼育が盛んになりつつあることも、それを傍証している。……」

しかもこのような動力機械農業は、経営の協同化を必至ならしめる。現在の二馬力の石油発動機を原動力とする二人がかりの動力脱穀機であっても、これを経済的に利用するためには、一戸平均労働人員を二・五人として、十戸の協同を必要とする。また、二—三馬力の石油発動機を原動力とする自動耕耘機も、十戸の協同を要請している。要するに、機械と科学とを導きいれるためには、協同経営の結成が不可欠の前提なのである。

註

進んで研究されたい方は、つぎの参考書を読まれたい。

シャー・リフ著・和田勇訳…『戦争と日本経済』

宮坂梧朗著…『畜産経済地理』

岩槻信治著…『新訂稲作改良精説』

大槻正男著…『国家生活と農業』

大槻正男著…『日本農業の進路』

野間海造著…『農業機械化論の分析』

吉岡金市著…『農業機械化の基本問題』

吉岡金市著…『増産と技術』

吉岡金市著…『農業と技術』

吉岡金市著…『農業機械化図説』

福島要一著…『農業技術論』

近藤康男著…『農業経済論』

近藤康男著…『日本農業経済論』

東畑精一著…『日本農業の展開過程』

座 談 会…役畜をどう活用すべきか(『若い農業』第二巻第二号)

二瓶貞一…農業の機械化(『農業朝日』第一巻第三号)

暉峻義等…耕地の能率化(右と同じ)

小森健治…馬と機械農業(『若い農業』第二巻第一号)

浅井 実…畜力機械化と能率的な家畜の使い方(『機械化農業』第二千三百二十六号)

手島熊次…畜力機械化の農業経営法（『機械化農業』第二千三百二十八号）
矢島正作…有畜農業の体験を語る（『機械化農業』第二千三百三十号）
二瓶貞一…くわを使わない農業（『農政評論』第一巻第七号）
綿谷赳夫…農業共同化の技術的基礎（『農業技術』第二巻第二号）
信夫清三郎…農業の機械化と協同組合（『科学農業』第一巻第五号）

19　水田輪作農業と用畜

役畜の導入と同時に考えなければならないのは用畜である。役畜といっしょに小家畜、特に緬羊、山羊、豚、鶏などの飼養をすすめたい。このような小動物を飼うと、羊毛、乳肉、蛋白および燐酸質肥料を回収することができる。しかしこの程度でとどまってはいけない。このような小動物、たとえば山羊の如きは、「貧農の乳牛」と呼ばれているぐらいで、飼養も簡単であり、小農の形で結構とりいれることができる。そのかわり、水田輪作農業を落着け、前進させていくというような大きい影響力はもっていない。水田輪作農業を正規のもの、本格的なものに進めるためには、まず乳牛をいれなければならない。水田輪作＝水田酪農という仕組みによって、初めてどっしりしたものができあがるのである。この水田酪農という着想については、私は戦争中から勉強してきておる。水田酪農という言葉をつくり、水田酪農を提唱したのも私が最初だったと思う。

最近、この水田酪農という言葉は、時の話題となった感がある。それと同時に、いろいろの俗説が生まれてきたように考える。さきにのべた大槻教授の説などは、まさしくその一例である。またある人々は、水田利用をそのまとし、畑に飼料を集約栽培して乳牛を飼う、……こういったものを水田酪農の真の姿だと思っている。小農の温存のため、経営多角化運動の一翼として、水田酪農をとりあげている者もあるように見受ける。

水田地帯で乳牛を飼うのは、水田輪作農業を本格化し、促進するためでなければならない。歴史の車輪を、前にぐっと廻そうとする意図のもとにとりあげられるものでなければならない。水田輪作農業の特色を、一層徹底化し、そして確固たる地盤をつくっていく……このような目的のもとにとりあげられなければならないと思う。繰返していうように、水田輪作＝水田酪農という農業は、血の通った二本の肢で立ち、さらに前進しうる態勢の水田農業である。水田農業の質的変革、生産力の画期的向上に稗益するとともに、水田生産物の徹底的な利用をはかるということ、また、それによって農村工業化を促進すること、これが水田酪農と呼ばれるものの使命であると信ずる。

水田酪農というものをつくっていくためには、協同経営を考えていかなければならない。その理由については、順を追って説明しようと思う。この章では次の点だけをとりあげてみたい。

今までの小農の形では、役牛にくわえて乳牛をいれていくということは、非常に困難であった。特に水田輪作をおこなって乳牛をいれていくということになると、殆ど不可能であるといってよいと思う。しかし、とにかく乳もとりたい。こういう願いは、どの農家にもあるのである。その結果、ホルスタインの役用ということが考えられたわが国でも、京大畜産学研究室によって、いろいろと研究が進められている。その研究の結果によると、役牛とホルスタインとの仕事の比は、一〇〇対六六・八であったそうである。だから、土地の軽鬆な地方、あるいは仕事の種類、使い方の工夫などによっては役用も可能である。もっともその役用は、適度でなければならない。

いまホルスタイン役用で有名な兵庫県氷上郡幸世村の例をとって、調教の実際および使役の状況を摘記してみよう。

一、調　教

調教は、生後六ヶ月くらいでとりかかる。まず初めは鞍つけ、綱の扶助、口取りに馴れさせる。これは最初二人でおこない、馴れるに従ってやがて一人だけの両綱取りにうつる。こののち、丸太棒などの軽いもの（重量二十二キロ乃至二十六キロ程度のもの）を曳かせる。ところで、曳きずる音に驚いて棒を身体にあてたりなどするから、牛と棒との間は約二メートルくらい離しておく。これは一回おこなえば、一週間ぐらい休み、それから第二回、第三回と重ねて、約一ヶ月ぐらいおこなうそうである。その間に、棒の重量を増加させていく。田の中へは、一年と二—三ヶ月頃になっていれる。そしてもう一度ここで口取り、両綱取りを復習させ、第一回目は、あまり土をかけずに軽く犁を曳きずらせる程度で、約三十分から一時間練習をおこなう。そのうちに練習時間を増し、やがて歩みなれた頃になると、重く土をかけ、二畝くらいの耕作をさせる。荷物の運搬も、最初は空車からはじめて、徐々に車に馴れさせて重いものを曳かせるように調教する。

二、使　役

春から夏にかけては、朝五時頃から十時半頃まで、第一回の使役をおこなう。つぎに日中を休ませて、午後三時頃から七時頃まで最後の労働をさせる。秋から冬にかけては、この昼休みの時間を二時間くらいにちぢめる。なおこれは、親牛と仔牛とでは多少時間の加減が必要である。また、運動の軽快な仔牛と鈍重な親牛とでは、その間の仕事の割りふりを考えなければならない。

搾乳期の牛であっても、この村の農耕主、搾乳従という建前に従って役用している。そうすると、多少乳量は減るけれども、乳脂率については悪い影響はないようである。なお、この使役と乳量との関係は、乳牛の生理的条件によって相違がある。常時舎外運動をしていた場合と、急に使役した場合とでは、前者の方が乳量の減少率は少いとのことである。また初産後、一―二ヵ月くらいであると、減少率は著しいようであるが、回復も早いものである。泌乳盛期を過ぎたもの、あるいは次産妊娠中のものは、これと反対である。労働時間を分割し、一日三―四時間程度使役すると、減少も少く、回復も早いようである。なお、泌乳量の多いものほど、減少率は高く、回復期間も長いものである。

だいたい乳牛の年齢、産次状態、その他労働時間の配分、飼料の加配など、いろいろの条件を考慮すると、乳量の減少は一割ないし二割程度、一週間後で前乳量の八割ないし九割まで復帰する。但し妊娠した牛は、分娩の二ヵ月くらい前で使用をとめるのが普通である。

使役の種類は、一般の農作業はもちろんのこと、荷物の運搬もさせ、裏の山にものぼりくだりさせている。重量は平地でだいたい五百五十キロが限度だといわれる。

ホルスタインの役用化は、そのほか埼玉県秩父の両神村でもやっているし、千葉県の安房郡でも試みられたことがあった。

このようなやり方は、変則的なものではあるが、過渡期にあっては面白いと思う。

前述したように、ホルスタインは、これを役用することができる。しかも乳量をあまり犠牲にしないで役用することができる長所をもっている。しかし、それは単にできるという程度にとどまるのである。理想的に役用することができるというのではない。この点について、私は千葉県安房郡豊田村で調査したことがあった。その結果、

1　廻転が敏速でないこと。

2　走らせるにも限度があること。

3　大牛になると、引綱が長く、牛の体長と綱の長さのために耕耘不能地積ができてくること。

4　使役過度の場合、一週間くらい二——三升程度の乳量を減ずること。

等々が欠点としてあげられた。この点からいっても、最高の労働能力と最高の泌乳能力とは、たがいに結びつきにくいのを常とするという原則はやはり正しいようだ。

ホルスタインを、その本来の用途に利用するということになると、役畜や動力機の導入が考えられなければならない。そのためには、経営規模を拡大し、飼料生産の余裕を高め、あるいは資本形成力を増進せしめていかなければならない。それであるから、現在の零細地片にしがみつく水田小農の形では、最高次の水田酪農をおこなうことはできない。最高次水田酪農をつくっていくためには、協同経営をおこなう以外にいい方法はないのだ。

もっとも、協同経営化といっても、一応段階を考えていかなければならない。第一土地によって自然的経済的条

件もちがうであろうし、水田輪作をおこなうが、酪農は手がけないものもあろう。あるいは、まずこのようなやり方からはいっていくという場合も考えられる。また、水田輪作の協同というところからはいらず、水田地帯の酪農化という方面が先になって、それからのち、水田輪作へ向う事例もあるだろう。さらに乳牛といっても、ホルスタインに限局する必要はない。その土地の条件に応じて考えていかねばならない。この点については、アーレボーという経営学者がいったつぎのような言葉が非常に参考になると思う。

「舎飼いをいとなむ場合でも、牛の品種や飼養法は、飼料の生産される土地とまったく無関係になるわけではない。経営において生産される基礎飼料が、栄養分に乏しければ乏しいほど、いよいよもって飼料を多く要さない、軽小な品種の牛を選定せねばならぬ。」

しかし、水田酪農化の基本的線として、以上のような説明をご了承願いたいのである。なお水田酪農化が進んでくると、その残渣を利用して小動物を飼養することが大変楽になってくる。

註　つぎのような参考書によってさらに検討せられたい。
大槻正男著…『日本農業の進路』
羽部義孝著…『牛の役利用に関する研究』
アーレボー著・永友繁雄訳…『農業経営学』

鈴木重光述…『酪農経営の問題』（日本有畜機械農業協会編）
桜井　豊著…『水田酪農の研究』
桜井　豊著…『水田地帯の酪農経営』
石塚喜明…農業経営は地力維持を前提として（『肥料研究界』第四十一巻第二・三号）
村上　栄…山羊の飼養法（『畜産の研究』第一巻第二号）
西本嘉雄…有畜農業の将来と水田酪農化（『農業と経済』第十三巻第三号）
座　談　会…乳牛を役用に使う（『農業朝日』第一巻第九号）
『畜産試験場年報』（第六・七号）
藪　孝平…乳牛の耕牛化と酪農供出（『農業と経済』第十三巻第一号）
暉峻・小埜…乳牛の役畜化の問題（『労働と科学』第二巻第一号）
落合牛涎…房州畜牛漫言（『畜産』第十八巻第七号）
座　談　会…実際家指導家は語る乳牛の大座談会（『畜産』第二十五巻第二号）
桜井　豊…水田酪農の提唱（『農業技術』第一巻第六号）

20　水田酪農と飼料の給与

水田有畜農業とくに水田酪農の成否は、飼料給与の巧拙によるところが頗る大きいと思う。そこではここでは、飼育の一番むずかしい乳牛を例として詳しくのべよう。

飼料の中には、粗飼料（粗繊維不消化分の割合が一〇％以上のもの）と濃厚飼料（粗繊維一〇％以下のもの）とがある。また、前者は乾燥性粗飼料と多汁性粗飼料とに分かたれるということはご承知の通りである。しかしこのような区別は、そうはっきりしているわけではない。ルーサン（別名アルファルファ）のような性能のたかい粗飼料は、しばしば半濃厚性飼料と呼ばれている。

水田酪農における飼料経済上の原則は、水稲藁稈の確保、高性能粗飼料の自給ということである。水稲藁稈を徹底的に利用するばかりでなく、転換畑を利用して高性能粗飼料を栽培する。しかも両者の割合が適当であり、搾乳能率を高めうるように配慮されなければならない。両者の割合が適当であるということは、乳牛の体重および乳量に応じて正しい栄養物があてがわれうることを意味する。特に乳牛飼料の給与については、配合飼料の栄養率（別名蛋白比）が問題となる。蛋白比というのは、可消化蛋白一に対して、蛋白質以外の可消化成分の割合である。乳牛の要求する蛋白比は、だいたい一対四―七である。このような蛋白比を考えて飼料をあたえていく。つぎに大切なのは、燐およびカルシューム、ビタミン確保ということである。

このような点に正しい具体策がでてこないならば、酪農は落第である。

まず水稲藁稈の利用から説明してみよう。稲藁の収穫重量は、だいたい米の収穫重量と等しいのが普通だが、多いときは米の収穫重量の倍になった例もある。玄米が一石あると、その重量は四〇貫程ある。玄米一石を精白すると、屑米五升、米糠一斗余りがでてくる。また、玄米一石に対する稲藁の生産量は、四〇貫ないし八〇貫程度と見てよいと思う。このような副産物特に稲藁を活用して酪農をおこなおうというわけである。稲藁の収量は、米の生

第24表　稲藁の組成分および可消化成分

種別		水分	粗蛋白質	粗脂肪	可溶性無窒素物	粗纖維	粗灰分
		%	%	%	%	%	%
含有成分	（1）	13.5	4.1	1.3	36.9	28.9	15.3
	（2）	13.2	5.5	2.2	33.5	35.3	10.3
可消化成分	（1）	−	1.0	0.5	17.2	17.8	−
	（2）	−	2.5	1.0	10.7	20.1	−

産量によって異っている。また米の収量が同じでも、品種によってちがいがある。このような点については、あまりまとまった報告がない。井納等氏の調査によると、米一石に対して藁は六〇貫あったそうである。広島県農事試験場の発表によると、米一石の収量に対し、付属藁七〇貫、籾殻一〇貫とでている。また、広島県農業会の調査によると、米二石の収量に対して籾殻一八貫、屑米四升、藁一三〇貫あったといわれる。日本の農家は、反当一石ないし五石ほどの玄米をあげている。そして藁を五〇貫ないし三〇〇貫ほどだしているわけである。なお全国平均でいうと、反当一三〇貫程度と推定される。さらに稲作地帯別に従って説明するなら、北海道（水田一毛作地帯）九〇貫、東北六県（水田一毛作緑肥裏作地帯）一一〇貫、水田一毛作半地帯一三〇貫、水田二毛作地帯一六〇貫……この程度が妥当な量であろう。この稲藁を飼料として利用しようというわけなのである。

それならば、いったい稲藁というものは飼料としてどの程度の価値をもっているものであろうか。いま、上坂章次氏著…『和牛飼育精説』(1)および井納、川崎共著…『簡明農業経営要覧』(2)によって、稲藁の組成分および可消化成分の割合を示すと、第24表の如くである。

これによると、稲藁は可溶性無窒素物および粗纖維を主成分とし、蛋白質および脂肪が極めて少い。また、乾物量と可消化養分との比率も低いということがわかる。しかし、それだからといって、悪い飼料ではない。いやそれどころではなく、乾燥性粗飼料の中では、相当に優秀なものである。この点について、高橋栄治氏もつぎのようにのべている。「各種の需穀作物のなかで、藁稈の栄養価値は稲、燕麦、大麦、小麦、ライ麦の順序であり、稲藁がもっとも優秀である」と。

「陸稲藁の成分は、水稲藁に劣る。また糯藁は、粳藁に劣っている。藁の上部と下部との栄養上の差異は大差がない。しかし一般にいって、蛋白質および粗繊維は上部におおく、可溶性無窒素物は下部に多いようである。だから上部の方が良質だといってよいと思う。また開花以前の藁稈は、結実後のそれに比べて飼料価値がはるかに高い。しかし米作の本性上、麦や玉蜀黍のように青刈りするというわけにはいかない。第一そんなことをしては不経済である。

なお、気候の不順など、凶作によって結実の不完全なものは、普通のものに比べて相当栄養分がすぐれている。蛋白質および燐の如きは、二倍になっている。この意味においても、水稲限界地域においては、水田酪農が成立してよいのである。藁加工に適さない短稈性藁地帯においては、このような経営形態をぜひ考慮していただかねばならない。また、長稈性稲藁地帯で藁加工を捨てえない事情があったとしても、つぎのような利用配分を考慮することもできる。一般に稲藁の葉部は、その茎部に比し窒素、灰分および脂肪に富み、質もやや軟かで、家畜の飼料として好適している。であるから、繊維が硬く、工芸品に適し、飼料としてあまり良質といいえない部分を加工利用にまわし、他を飼料とするとよいのである。」

稲藁の蛋白比は、だいたい一対三〇程度といってよろしい。このような広さであるから、単用して乳のでる道理がないのだ。しかし、クローバーとか紫雲英などとまぜると、丁度よい配合となる。ビタミンの不足も、これによって補われる。稲藁はまたカルシュームに不足している。その結果、これを単用すると、骨軟症を招きやすい。こんなわけで、配合ということが大切になってくる。配合するに必要な豆科作物とか禾本科の牧草とか、根菜類などを転換畑に作付けする。そして飼料欠乏期に備えるため、その一部をエンシレージにする。このような必要がおこってくる。

とにかく水田酪農においては、稲藁が基礎飼料である。この稲藁を、できるだけ活用したいわけである。そこで考えられたのが軟化法である。この研究は、岩田久敬博士によって取りあげられたのであるが、現在は実用化の域に達している。やり方も至って簡単である。稲藁を石灰で混ぜて煮沸（煮沸稲藁法）するか、又は浸漬し水洗いして（簡易石灰藁法）いわゆる軟化藁をつくればよろしいのである。いま簡単にその製法を摘記してみよう。

一、**簡易石灰藁**　稲藁一貫を、生石灰百匁を水一斗五升に溶解したものの中に二―三日浸漬してのち、引きあげて水洗いし、それを直ちに使用するか、又は乾かして貯蔵する。

二、**煮沸石灰藁**　生石灰百匁を水一斗五升に溶解し（溶けない部分は笊でこす）、この液に稲藁一貫を入れ、一時間半ないし三時間煮沸する。藁がやわらかくなって、においがでたら火を消し、それを笊に引きあげ、液をしぼって水洗いする。最初は赤い汁がで、つぎに白い濁汁がでてくる。これが出なくなるまで水洗いする

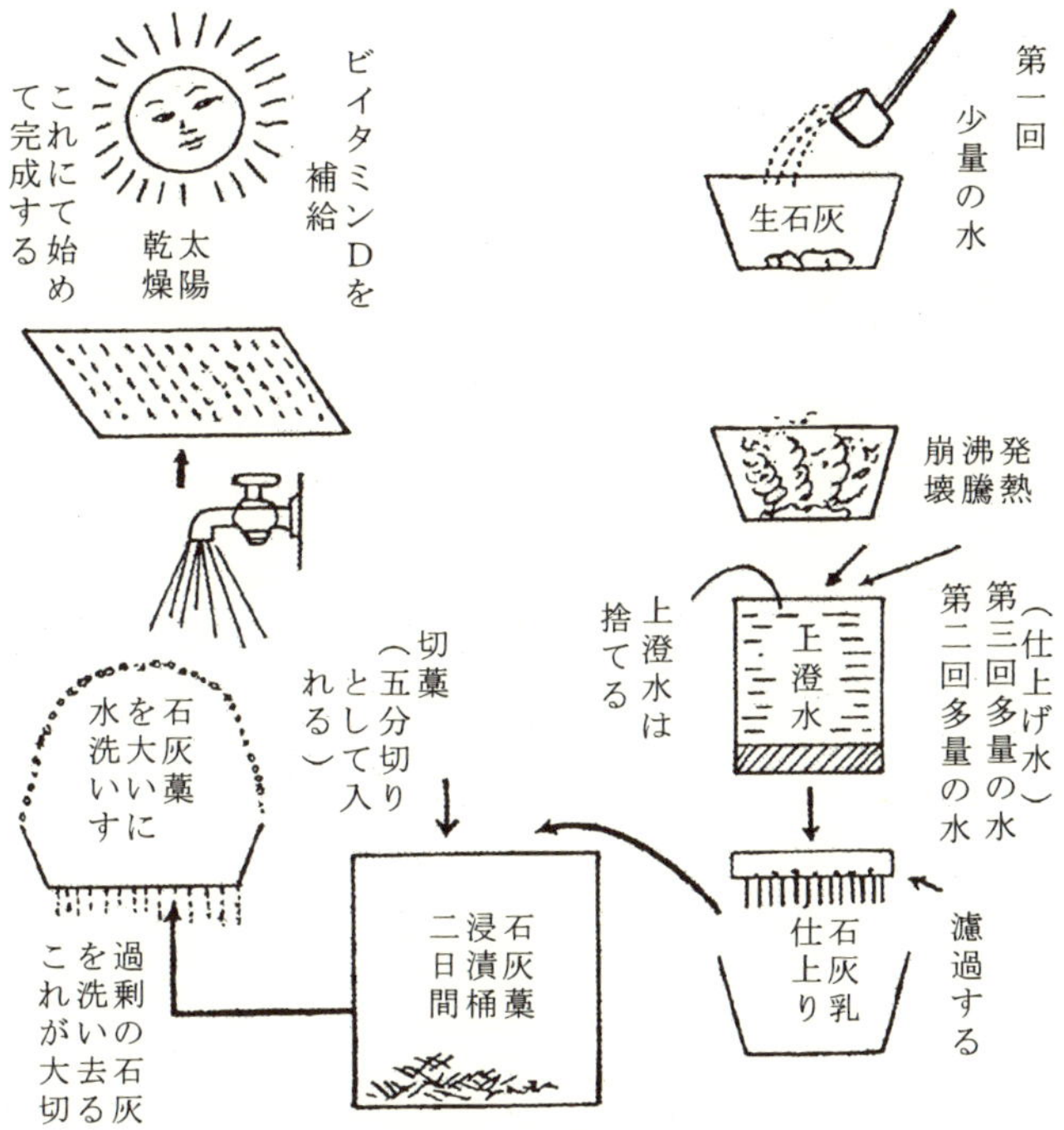

第13図　石灰藁の製法図解

とよろしい。使用法は、よく洗ったもの又はちょっと洗って乾かしたものはたくさん与えてもよろしいが、洗い方の不充分なものをむやみに与えてはいけない。消化器を害するおそれがあるからである。

実用者によって、このほかなおいろいろな創案もでている。たとえば、第13図の如くである。

このようにすると、消化率はぐっと高まり、澱粉価（澱粉価とは、ある飼料の体脂肪を生成する力を可消化澱粉のそれと比較した数値、すなわち飼料の真の生産力に匹敵する価である）は、倍又は三倍になる。（稲藁の澱粉価は、普通一五―二〇％程度である）つまり消化がよくなり、栄養価値が高くなる。これが第一の効果である。

第二の効果は、乳牛の健康を増進し、仔牛の発育をよくすることである。特に石灰藁はカルシューム分を含有しておるので、乳牛の骨軟症や体質虚弱を予防する上に役立つ。

第三に、その他の飼料特に購入飼料を節約させる効果がある。石灰藁の乳牛飼料としての価値について、農林省畜産試験場でおこなった試験結果によると、その価値は麩とほとんど等しいそうである。たとえば、麩一〇キロの代用飼料をえようとすると、乾燥石灰藁一〇キロ、大豆粕二キロを配合すればよい。いま、北海道酪連化学試験室でおこなった研究成果を例として、この間の関係を紹介しよう。『畜産』第二十二巻第九号から直接引用させていただくことにする。

「同室では、夏季青草飼料期において、濃厚飼料の代用として石灰藁を給与すると、牛酪製造上いかなる結果をもたらすものであるかを研究中であったが、実験研究の結果、濃厚飼料の五〇%を浸漬石灰藁で代用しても、なんら影響なく、むしろ飼料経済上にも有利であり、牛酪硬化上極めて良好であることが判明した。すなわち、泌乳量は普通飼料給与期に比して平均一・三一%増加し、脂肪率および脂肪量はやや普通飼料給与期に比して減少を示すが、産乳価格と飼料消費額とを比較する時は、三・八%有利である。また、牛酪脂肪についての実験によると、融点、平均分子量、硬度および固体脂肪酸量は僅かに高く、ライヘルトマトルイス価、沃素価、ロダン価および液体脂肪酸量は僅かに低下するが、このため、牛酪硬化は極めて良好である。」

このように、バターを製造する場合でも、石灰藁を使用することは得策なのである。また石灰藁は動物の体脂肪を硬化させる傾向がある。そこで米糠や油粕等と配合して、肥育飼料としてもよいと思う。

石灰藁は、このように立派な飼料である。しかし、これを用いる場合には、つぎのような注意が必要である。

一、石灰藁は、藁の繊維の消化をよくし、且つその中に含まれている澱粉の消化をよくしたものである。つまり、藁の中の炭水化物の生産的価値を増したものである。しかしその蛋白質は、石灰処理によって別に増加してはこない。いやむしろ、減少する。すなわち石灰藁は、元の稲藁より一層澱粉質の飼料である。したがって、石灰処理によって価値が濃厚飼料の麩と同じようになるといっても、全く同じになることを意味するのではない。藁の中の澱粉の価値が、麩とほぼ同じ位になるというのである。

二、であるから、石灰藁を飼料とする場合には、他の蛋白質飼料、たとえば豆科の牧草や米糠などを併用しなければならない。

三、カルシュームについては、別に心配はいらないことになったが、燐分、食塩などの補給を忘れてはならない。またビタミン類の補充については、青草、乾草、青刈飼料、葉菜類などを考える必要がある。

石灰藁よりももっと効果を高めるためには、曹達藁がよろしいということになっている。曹達藁は、切藁一〇キロ、苛性曹達〇・六―〇・八キロ、水八〇リットルを混和し、四―五時間放置したのち、充分に水洗いしてアルカリ性反応がなくなるまでにしたものである。曹達藁にすると、澱粉価も五〇%内外となり、一層顕著な成果を期待することができる。しかし、苛性曹達は非常に高価であるから、採算がとれるか否かが問題である。また、完全に水洗いしなければならないという欠点もある。

曹達藁は、消化ははなはだよろしいが、洗い方が不充分であると、絶対に使用不可能である。曹達藁は、乾草してても安全にはならないからである。これらの点については、今後大いに研究する必要がある。なお、この藁もまた蛋白質、脂肪、ビタミンにほとんど欠けているから、石灰藁と同様の注意を払わなければならない。

以上申しのべたように、稲藁は単用こそ禁物であるが、飼料として相当な働きを示しうるものである。ところが在来の水田農家は、多く無畜農家であり、あるいは藁加工兼業農家であったために、これを充分利用しえなかったのである。すなわち、今までの水田農家は、普通つぎのような配分をおこなっていた。まず叺、俵、縄などの包装材料所要量が優先的に差引かれ、その残りは更に堆肥原料あるいは飼料（敷料）にあてられる。そして最後の部分を利用して草履、わらじ、藁箒、むしろ、叺、縄、畳床などの販売用藁加工品を製造するのである。

これらのうち、飼料用にあてられる量は、有畜農家の場合だと、一定限度販売用藁加工品の原料用途に優先して使用されていた。しかしこの幅は極めて僅かなものであり、影の薄いものであった。このような配分方法については、いろいろ問題があると思う。この点に関する批判は、自然的あるいは経済的条件に基いて検討せられなければならない。

しかし、藁を直接堆肥材料とせず、一応家畜の腹を通すとか、敷藁としてのち使用するということは決して不利なやり方ではない。厩肥を堆積腐熟せしめたものこそ、正常の堆肥なのである。

また、稲作＝藁加工副業という経営方式は、われわれのいわゆる両肢水田農業を意味するものではない。だから、いつでもこのやり方をおすすめするというわけにはいかない。むしろ加工用稲藁の一部をさいて、水田酪農をおこなう必要を感じる。しかし今までの零細小農経営の中では、合理的配分などは不可能である。経営の大きい協同経営において、初めてそれが可能となるのである。

それはとに角、水田酪農の場合には、水稲藁稈をまず飼料用に振りむけなければならない。これに必要な量が優先しなければならない。そしてこのような配分方式に関する余裕度が、第一次的に飼育可能頭数を規定するのである。もっとも水田輪作が軌道に乗り、他の飼料特に半濃厚性飼料の量がふえてくると、経営も一層のびのびとしたものになってくるであろう。何度もくり返したように、稲藁の配布法さえうまくいけば、水田酪農は大成功だというわけではない。ブリンクマンという農業経営学者もいっておるように、ある一定の動物生産をうるために、従って飼畜のためには、任意にあるいは此のあるいは彼のというように、ただ一種の飼料のみではなく、当然混合飼料を要求する。常識でもわかるように、水稲藁稈は乾燥性飼料であるから、多汁性飼料を補足しなければならない。多汁性飼料は、乳牛の消化力を増大し、乳牛の能力を発揮させるためには不可欠のものである。また、乾燥性粗飼料も、稲藁に偏傾し過ぎてはいけない。できるならば、他の形態の給与も考うべきである。であるから、豆科の作物や根菜類等を転換畑に作付けし、その一部はサイロにつめる……このような処置が大切である。こんな点に工夫して、牛体の維持に努めなければならないが、一方搾乳量に応じて、半濃厚性飼料や濃厚飼料を加減してやることも必要である。また、一定粗薄度——可消化養分対乾物量の比——を保つためには、濃厚飼料の補助を必要とする場合もあるであろう。

濃厚飼料は、無理に自給する必要はない。しかし今後水田酪農を発展させていくためには、農民は組合を組織し、その手によって酪農品加工をおこない、脱脂乳その他残渣物の円滑な還元利用をはからなければならない。これによって仔牛や豚の飼育が軌道に乗るのである。今までの会社資本によって支配せられる酪農の場合には、この点がちっともうまくいっていない。水田輪作は、水利体系の整備を必要とする。これを機会に、農村の小発電設備を真剣に考えていただきたいと思う。今までは、大電力会社の独占事業を擁護するために、大発電会社の配電区内には絶対に小発電をゆるさなかったばかりでなく、そのほかいろいろの制限をもうけて、農村の電化を阻止してきている。この態勢を打破していかなければならない。畜産関係には、秣の切刻機、糧草の乾燥、秣の電気処理、幼畜の補温、畜舎の通風、剪毛機、搾乳機、電気牛乳殺菌器、牛乳冷却機、牛乳清澄機、クリーム分離器等、電化の応用部面がすこぶる広汎である。耕耘の電化、家庭生活の電化ということも考えていかなければならない。さらに、精米精麦というような点にも電化を利用していただきたいと思う。米穀についていうと、籾摺り、精米工場、簡易搾油所を協同経営し、屑米、砕け米、米糠等の還元自給に努力していただきたい。こういった点がうまくいきだすと、濃厚飼料の方も相当量を確保することができる。以下若干のものをあげておこう。

A、屑米、砕け米

いま、石塚・後藤両氏の共著によってその組成分を示すと第25表の如くである。

これによると、屑米（砕け米も同様）は蛋白質に富み、稲藁の補綴飼料として極めて好適であることがわかる。

第 25 表　完全米および屑米の組成分（乾物百分中）

種別	灰分	有機物含量	粗蛋白質	粗脂肪	粗繊維	可溶性無窒素物
	%	%	%	%	%	%
完全米	1.5	98.5	10.6	3.0	1.0	83.9
腹白米	1.5	98.6	8.9	2.8	1.0	86.0
青米	1.7	98.3	10.4	3.0	1.2	83.8
死米	1.7	98.3	9.6	3.0	1.3	84.5

また消化率も、欧米諸国の試験では極めて良好ということになっている。もっともこれらは、非常に成分が高いものであるから、使いすぎてはいけない。ポット氏の試験によると、乳牛には一日九ポンドまではやってもよいそうである。そしてこの程度の分量までは、非常に効果的に働くのである。

B、米糠、脱脂糠

米糠の利点は、第一に生産額が非常に多いということである。たとえば第26表の如くである。

これによると、米糠の生産割合は玄米の凡そ七%内外であって、生産量が極めて多いことがわかる。

米糠の第二の利点は、栄養価に富んでいるということである。この点については、第27表をご覧願いたい。

しかもビタミンの含有は多いのだし、燐分も二%程度ある。

米糠の第三の利点は、風味が良好で、乳牛の嗜好に適し、且つ消化率が高いということである。消化率については、第28表をご覧願いたい。

なお、米糠からは約一〇%程度の糠油がとれる。この糠油は、直接

第 26 表　米の精白に際して生ずる主副生産物の生産割合

種別	美濃産米	越中産米
	%	%
白米	91.05	91.92
米糠	7.35	7.16
砕け米その他	1.69	0.59
計	100.09	99.67

第27表　米糠の組成分

水　分	灰　分	粗蛋白質	粗脂肪	粗繊維	可溶性無窒素物
11.46	8.43	15.80	20.07	7.32	37.64

第28表　米糠の消化率

乾　物	有機物	粗蛋白質	粗脂肪	粗繊維	可溶性無窒素物
84.93	89.25	77.33	89.31	67.29	100.08

第29表　脱脂糠の可消化養分

可消化粗蛋白	可消化粗脂肪	可消化可溶性無窒素物	可消化粗繊維	澱粉価
%	%	%	%	%
13.1	7.0	29.3	4.5	59.7

人間の食糧とすることができるのであるから、乳牛には残りの脱脂糠を振り向けるように考えてもよいと思う。脱脂糠の家畜に対する可消化養分については第29表を参照せられたい。

このように、玄米副産物の中には有効濃厚飼料があるのだから、これを利用しなければならない。また、これを還元してもらえるような態勢をつくっていかなければならない。なお、補綴飼料特に半濃厚性粗飼料については、転換畑に作付けするようにしたい。乳牛に対する飼料給与の問題については、いろいろ申し上げたいことがあるが、詳細は私の別の著作をみていただきたい。また、役畜に対する水田酪農的飼料給与法については、宮坂氏の論文などがたいへん参考になると思う。

註　参考書として次の如きものがある。
齋藤道雄著…『飼料学』上・下巻
岩田久敬著…『飼料学』
井口賢三著…『乳牛』
上坂章次著…『和牛飼育精説』
北海道農業教育研究会編…『北海道農業大実典』

(B)　水田農業の有畜化

佐賀県農業会編…『家畜の飼養標準』
井納・川崎共著…『簡明農業要覧』
フェスカ著…『日本地産論特編』
高橋栄治著…『家畜飼養学』
『畜産試験場年報』第四・五号
澤田収二郎著…『日本の飼料経済構造』
ブリンクマン著・大槻正男訳…『農業経営経済学』
中田誠一著…『畜産学』
渡邊　侃著…『北海道農業経営論』
弘山尚直編…『農村電化』
石塚・後藤共著…『家畜の飼料とかひかた』
参木晋七郎著…『有畜農業相談』
桜井　豊著…『水田酪農の研究』
桜井　豊著…『水田地帯の酪農経営』
飯塚安喜雄…濃厚飼料と粗飼料の話（『畜産』第二十四巻第七号）
工藤重佐…含有成分による飼料の分類法（『畜産』第二十六巻第九号）
齋藤道雄…乳牛飼料の給与法に就て（『畜産』第十九巻第八号）
岩田久敬…家畜栄養論（『畜産』第二十五巻第三号）
永田牛歩…石灰藁の作り方（『畜産』第二十巻第十一号）
石川久雄…自給飼料の話（『畜産』第二十七巻第七号）

石川久雄…家畜飼料の利用法（『畜産』第二十三巻第十二号）
渡邊一郎…電気（『若い農業』第一巻第一・二号及第二巻第一号）
電化農村視察記（『若い農業』第二巻第一号）
アメリカに於ける農村電化のいろいろ（右と同じ）
市村一男…自家発電の村（『若い農業』第二巻第二号）
福島要一…技術は天然資源である（『若い農業』第二巻第四号）
農村に新しい動力源を作ろう（『農業朝日』第二巻第六号）
簡易搾油所を作るための予備知識（『農業朝日』第二巻第七号）
永田牛歩…糠は内よ麩は外（『畜産』第二十二巻第三号）
波多野正…家畜家禽飼料としての米糠（『畜産』第二十五巻第四号）
宮坂梧朗…役牛馬の農業経営的考察（『畜産』第十八巻第七・八・九号）
川原仁左衛門…役畜と水稲作面積との適正比例（『畜産』第二十二巻第三号）
桜井　豊訳…上手な酪農、下手な酪農（『若い農業』第二巻第三号）

21　水田酪農の端緒と展望

水田輪作をおこなって、その基礎のもとに酪農をとりいれるのが正規の水田酪農である。これに対して、水田輪作をおこなわず、しかも水田を中心として乳牛を飼っている酪農のことを、低次の水田酪農とよぶことができる。

現在のところ、正規の水田酪農はほとんど存在していないし、低次の水田酪農も僅少である。強制耕作がおこなわれ、土地革命の完了してないわが国にとって、それは当然のことである。水田酪農は今後の課題なのだ。土地革命を完遂し、正規の水田酪農を導入していくこと、これがこれからのわれわれの仕事である。正規の水田酪農をおこなっていくためには、いろいろの材料を集め、見聞を広めていかなければならない。低次の水田酪農といっても、水田酪農の端緒として、いろいろ教えられるところが多いと思う。土地の利用の仕方、飼料のやり方、牛種の選定その他について、大いに研究せられたい。以下参考までに水田酪農家を若干紹介しよう。

一、水田一毛作地帯（北海道）

一毛作型正規水田輪作法について、空知郡農業会管内などでは農家が相当やってきている。しかし事変以後になって、例の作付け統制時代にはいったために、中止を余儀なくされたようである。僅かの期間ではあったけれども、その成績は上乗だったそうである。いま参考までに、雨竜郡深川町芽生の田中義基氏および北見国常呂郡訓子府村東訓子府の片平虎之助氏の事例を表示してみると、第30、31両表の如くである。

なおこの二つの表では、両氏の水稲収量が比較的低くなっているが、それは米作可能地帯の限界水田であるためである。たとえば片平氏の場合など、昭和十三年には周囲の水田の反収は、僅かに三俵半であったそうである。だから二倍以上の収穫をあげえたわけである。（井口賢三…「家畜飼料上の諸問題」『畜産の研究』第一巻第一、二号参照）この地帯は稲作限界地帯であるから、今後も大々的に水田酪農をとりあげていかなければならないと思う。

第30表　水田酪農経営の経済成果（第1例）

種　別	全　耕　地		反　当		差引反当
	全　収　量	金額	収量	金額	金額
水田6反歩	米　33俵	363.00円（1俵11円）	5.5俵	60.50円	肥料費差引 53.50円
畑6反歩（水田転換）	乳牛3頭 仔牛3頭 馬2頭 } 飼育	1,100.00円（牛乳代）	−	183.00円	飼料費差引 83.00円

第31表　水田酪農経営の経済成果（第2例）

種　別	全　耕　地		反　当		差引反当
	全　収　量	金額	収量	金額	金額
水田2町3反歩	米　160俵	1,760.00円（時価）	6.95俵	76.50円	肥料費差引 70.02円
畑1町2反歩（水田転換）	乳牛4頭（搾乳3頭） 仔牛2頭 馬1頭 鶏5羽 } 飼育	1,233.00円（牛乳代）		102.07円	飼料費差引 72.08円

二、水田一毛作緑肥裏作地帯（東北六県）

この地帯の水田農業も、北海道と同じように安全性に乏しいことは、すでにご承知の通りである。反当収量も少い（昭和八―十四年の平均は、一・九一五石）ので、地力の向上の必要がある。水田酪農といった形態をつくっていかなければならない。この点について山本健吉博士は、座談会…「東北地方水田の高度利用」（『農業及園芸』第二二巻第二、三号）において、大要つぎの如く言及しておられる。

「現在山形の酪農部落は畑作地帯にあるが、将来はやはり水田農家にも酪農ははいらなければならないだろう。それには飼料が大切になる。日本では農業経営に米などの主穀以外にどうしても農産加工や酪農がはいってこなければならない。畑や原野の多くない庄内地方では、そうなると田圃である程度の飼料を作り、酪農的色彩をいれる必要があるだろう。」

この場合、一毛作型正規水田輪作法をおこなうべきか、単純輪作法または二毛作型正規水田輪作法をおこなうべきかという問題がある。私の見るところでは、この地方や長野県の一部などでは裏作に無理をせず、北海道式でいくべきだろうと思う。もっとも、ほかのやり方についても充分研究していかなければならない。

かりに、単純輪作法をおこなうことにすると、紫雲英などの緑肥作物の乾燥が問題となる。この点については、現在成案がある。岩手県気仙郡農業会佐藤直助技師の創案（紫雲英）については『畜産』第十九巻第六号を、また青刈用大麦、ライ麦については安孫子孝一…「東北地方水田裏作の工夫」（『農業朝日』第一巻第十二号）をそれぞれ参照せられたい。

さらに稲藁の軟化については、岩手県気仙郡世田米村の篤農家泉田増次郎氏によってとりあげられている。同氏の住宅の中にはボイラーの装置があり、石灰藁、切藁煮沸（豆腐造りやご飯蒸しなどにもこの設備を利用する）をおこなっている。なお、付属する建物として石灰藁調整室をもうけ、乳牛飼養に遺憾なきを期している。その成果も相当なものであったらしい。（『畜産』第二十三巻第五号）

最後にこの地方の水田酪農家佐々木民喜氏（秋田県南秋田郡太平村）の事例について、多少詳しく紹介しよう。このような水田酪農家がいるということは、昭和十年「東北六県有畜農業研究座談会（『畜産』第二十一巻第四号参照）で初めてみいだされた。

(B) 水田農業の有畜化

佐々木氏の耕地は、水田一町一反五畝（水田裏作一反五畝）、畑三反五畝である。これだけの耕地で、ホルスタイン二頭、同仔牛二頭、その他に豚三頭をいれている。裏作には大麦、畑は果樹、蔬菜を主に作付けしている。ただし五畝ほどの畑には、大根、甜菜、玉蜀黍、大豆、そのほか家畜と関係の深い作物を栽培している。役畜は一頭もいれず、もっぱら乳牛に依存する。佐々木氏の話によると、「搾乳牛でも一日六時間程度ならば、役用に使ってもさしつかえない」そうである。乳牛の耕鋤能率は、一日二反歩で、馬の三反歩におよばない。しかし牛の方は、一日五升七合の乳を出す。いまこの乳価を七十四銭とすると、一日の畜力費は一反歩当り三十七銭であって、馬の六十七銭よりずっと経済的だといえる。

乳牛飼養による第一の成果は、乳の獲得である。乳牛一頭一ヵ月当りの平均搾乳量は、一石七斗一升にのぼる。第二の成果は、役畜の経済である。第三の成果は、肥料の経済である。四千貫の厩肥を乳牛からえているので、金肥の方は村の反当平均支出よりも一円二十五銭節約できている。しかも厩肥の増投によって、米の収量は増加している。これが第四の利益である。ちなみに昭和八年度は、村では米の平均反収は二石三斗三合であったが、佐々木氏はそれより一石一斗七合おおく、反収三石二斗五升をえたそうである。（昭和九年度は一般に冷害がはなはだしく、村の平均反当収量は一石三斗五升九合であった。然るに佐々木氏の田では平均二石三斗一升であり、反当り九斗五升一合の増収であった。）

佐々木氏の経営は、水田酪農といっても至って低度のものである。飼料については稲藁一〇〇〇束一〇円、麩九〇俵一七一円、豆粕二五円、ビートパルプ二〇円、塩五俵六円、石灰三円、計二三五円という具合で、かなりの購

第32表　水田酪農家の乳牛飼養成果

（単位：円）

（1）収　入		
	牛乳売却代（20.52石代）	266.78
	仔牛２頭売却代	240.00
	自家使役賃（1日1.50円として30日分）	45.00
	厩　肥　代	120.00
	米の収穫増加（11.412石）	296.71
	金肥節約増加	15.00
	計	983.49
（2）支　出		
	飼　料　費	235.00
	搾乳および飼養管理費（1日3時間、1,095時間分）	87.60
	乳牛購入償却金（利用年限７ヵ年と仮定）	43.00
	そ　の　他	92.27
	計	457.87
（3）差引益金		525.62

入である。牝仔牛まで一五〇円で買っている。自給飼料の作付けを上手にやっていたなら、もっとのびのびした酪農をおこなうことができる筈である。しかしこの程度のものであっても、第32表に示すような有利な数字を残している。

三、水田一毛作半地帯

低次なものではあるけれども、この地帯では水田酪農が盛んである。私も昭和十九年二月に、千葉県安房郡豊田村で調査をした。いま、その典型的な農家である根切部落和田清氏の経営を例として話をすすめよう。

和田氏のところには、ホルスタイン三頭と、朝鮮牛一頭がはいっている。水田は一町三反五畝ほどある。このうち、三反ほどの乾田には、裏作として紫雲英をまき、これを飼料としてもちいている。稲藁は反当一二〇〇把を収穫し、これらの家畜にあてておる。藁加工はおこなわない。家畜一日当りの給与量は、切藁として二〇―三〇把（労力の関係で、切藁とせぬもので二つ切り、三つ切りのもの同量）敷藁として三〇把程度である。従って一ヵ月所要稲藁量は、水田二反分、年計にして二町四反分ということになる。稲藁の不足分については、隣りの一町五反ほどの農家に求め、その代償として生産厩肥を半分ほど与えている。しかし稲藁の節約法とくに軟化法については、いま少しく工夫すべきであろう。なお、土堤や畦畔にはクローバーをまきつけている。

畑は三反二畝九歩にすぎない。しかも、この畑の冬作には、供出用麦の割当があるし、自家用の蔬菜も作らなければならない。というような事情で、和田氏はデントコーン、スエーデンかぶ、青刈燕麦、飼料用甘藍等を中心として、飼料作物の集約栽培をおこなっている。そのやり方は、「大家畜も飼料畑一反で飼える」の章でのべた松岡式とだいたい似ているが、松岡式よりもやや粗放である。このうちデントコーンは、サイロにつめて冬の飼料として利用する方針である。いま参考のため、稲藁以外の粗飼料の年間給与期を表示すれば、第33表の如くである。

濃厚飼料の方は、じゅうらい屑米、米糠を利用し、かたわら麩《ふすま》、澱粉粕などもいれていたそうである。私の調査した当時は戦時中であったので、濃厚飼料不足にくるしんでいた。配給はW製乳会社および農業会の二系統を通じておこなわれた。会社からの配給は、日産納入一石当りに対して一ヵ月豆粕、米糠、脱脂糠、甘藷屑、麩等の配合飼料二十袋であった。一方農業会の方は、分娩まじか又は搾乳中の乳牛一頭に対して月半袋となっている。農業会の方が良質であった。脱脂乳の還元はあまりうまくいっていなかった。農民達は乳を一口も飲まず、全部会社に出すのである。農民の勢力は弱く、万事会社の思うとおりになっていた。もとは希望量を払下げるという約束であったのに、調査の時などは持込み量の一―二割を限って、一升八銭の割で払下げたにすぎなかった。このような違約は、軍国政府のカゼイン製造の強制という事情ばかりではないのである。農家の中で、東京あるいは近辺の農家か

(B) 水田農業の有畜化

第33表　水田酪農家における一般粗飼料とその給与季節

1月	燕麦、スエーデン蕪菁
2月	燕麦、スエーデン蕪菁、エンシレージ（デントコーン）
3月	燕麦、スエーデン蕪菁、エンシレージ（デントコーン）
4月	燕麦、スエーデン蕪菁、エンシレージ（デントコーン）
5月	紫雲英、赤クローバー、雑草
6月	紫雲英、赤クローバー、雑草、甘藍、デントコーン（余り若すぎると害がある）
7月	雑　草
8月	雑　草
9月	雑　草
10月	スエーデン蕪菁（間引きしたもの）
11月	白菜（皮）、甘藷（蔓）
12月	燕麦、スエーデン蕪菁

ら仔牛を買い入れ、脱脂乳による育成を試み、のち再び他へ売却するものが現われた。そこで、そんなことをされては会社の経営上面白くないといって、全農家を制裁したのである。農民は酪農工場に集められた牛乳のうちで、自分の供出した牛乳に相当する分量の脱脂乳を工場より受けとりうるという酪農の一般原則が、このような理由によって破棄せられていることは、水田酪農の発展上まことに不明朗極まる事実である。水田酪農もまた、農民自身の自主的な酪農組合組織をつくり、「我等の工場」をもたなければならない。

一町歩余りの経営で、乳牛三頭、役牛一頭をいれるのであるから、いろいろ無理もでてくる。乳牛本位で仕事をすすめていくと、役牛の給与の方がおろそかになる。濃厚飼料などは、農繁期だけに限られている。このような弊害は、過小農制のもとにおいては不可避の現象であろう。その代り、乳牛の方も多少役用している。しかし、「水田輪作農業と役畜」の章でのべたような欠点が見うけられるのである。

以上の説明によって明かであるように、調査農家のやり方は不充分な点がたくさんある。しかし、この程度のものであっても、相当の成果をあげていることは注目に値するものと思う。すなわち直接乳牛を飼う利益だけでも、乳牛一頭当り年十九石の乳量、脂肪率平均三・五％の生産であるから、水稲収入と相半ばしていることになる。しかも、飼畜に要する労働は、経営総労働量の二〇―三〇％に過ぎない。水田酪農の利益は、それのみに止まるものではない。これによって、年産一頭当り三〇〇〇貫の厩肥および畜尿をえている。そしてこの肥料を稲作に利用することによって、収量は安定化し、且つ向上している。調査時のような配合肥料の不足な時でも、稲の反当収量は七―八俵台（二・八石―三・二石）を下ったことはない。ちなみに、千葉県稲作の反当収量は、昭和八―十四年の七ヵ年平均一・九二九石であった。

また、最近十ヵ年において、反収四石（十俵）を記録したことも二度におよんでいる。水田輪作法を導入するならば、これらの点について一層の成果を期待しうるであろう。

なお、正規水田輪作法をおこなっている酪農家は見当らぬようであるが、こういう例はある。同じく安房郡平群村荒川某農場（桃山直市…「乳牛を主とする有畜農業経営事例」『現代農業』第六巻第三号）は、旱害などに悩んでいた水田を畑に転換して、クローバーをいれ、厩肥によって土質の改良をはかって、そのあとで普通作物畑に更新する。こういったやり方をとっていたそうである。もう一歩研究していくと、正規輪作法に通じてくるだろうと考える。

四、水田二毛作地帯

この地帯で水田酪農をおこなう場合、つぎの二つのやり方があるようである。その一つは、水田裏作の方にあまりたよらぬ方針をとって酪農をおこなう方法である。たとえば兵庫県三原郡市村字三条の某農家（西本嘉雄…「有畜農業の将来と水田酪農化」『農業と経済』第十三巻第三号参照）は、一町二反六畝の二毛作田をもっていたのであるが、乳牛二頭（ホルスタイン成牝）をいれるということになって、その約一割を畑に転換し、青刈燕麦、青刈玉蜀黍、村田かぶ等を集約的に栽培した。そのため、水田裏作の方には紫雲英四畝を作付けするだけで、他は小麦、大麦、裸麦および玉葱の栽培である。その他甘藷蔓、稲藁、野草、米糠など経営残滓および副生産物を利用し、飼料の八割程度を自給している。このようなやり方は、必ずしも巧妙とはいわれない。しかしこの程度のものでも、乳牛一頭当り一六石強の乳をだし、厩肥の増投により、米麦等の収量をふやしている。すなわち経営条件のほぼ等しい他の農家と比較して、反当収量は水稲一・五割、裸麦三割、小麦三割、玉葱三割、経営全体として約二割程度の増収だそうである。

いま一つのやり方は、単純輪作法をおこない、飼料を裏作に依存する方法である。このうちでも特に興味の深いのは、例の麦間直播法を応用する酪農である。大原農業研究所の吉岡金市氏の指導によって、岡山県上道郡操陽村の妹尾金吾氏、同県邑久郡国府村の牧野勉氏、同県児島郡興除村大字大曽根の手島熊次氏などによって試みられ、すでに成功している。そのやり方については、さきに詳しくのべた通りである。

註　なお進んで研究されたい方は、つぎの参考書をみていただきたい。
吉岡金市著…『新農法の理論と実際』
吉岡金市…わが国農業の解放（『改造』第二十七巻第十二号）

手島熊次…畜力機械化の農業経営法（『機械化農業』第二千三百二十八号）

牧野　勉…水田地帯の酪農経営（『若い農業』第一巻第二号）

水稲麦間直播法という着想は、非常にすぐれた考え方である。そしてこの着想は、随時われわれの農法に近づいてくるものと信じている。麦を裏作するということは、絶対的要請ではない。そして吉岡氏も自認しておられるように、「麦のほかに、秋播のそら豆、春播の青刈大豆、春播の馬鈴薯、秋植玉葱、秋植の菜種等の畦間へも水稲を直播することができるのみならず、麦間へ直播したものよりも稲の生育がよい」（吉岡金市著…『水稲の直播栽培に関する研究』）のである。そして、「近づいてくる農業恐慌において、最も早く且つ最もはげしく打撃を受けるものは裏作麦であろうが、それが飼料作物に転換されて酪農経営に発展すれば、有力な恐慌対策ともなりうる」のである。（吉岡金市…「イネ直播法と輪作の合理化」『農業朝日』第二巻第一号）

直播農業は、雑草との戦闘農業である。直播の利をおさめ、しかも除草成果を期待しうるものは正規水田輪作法のみである。

外国にこういう諺がある。「燕が一羽では春がきた証拠にはならない」と。なるほど燕が一羽飛んできただけでは春を約束するわけにはいかないであろう。しかし、その燕につづいて後から後からと燕が集ってきて、私共に春の息吹きを伝えてくれた場合、先導の燕の正しい役割に感謝せざるをえないであろう。私も又かかる先導の燕でありたいと願っている。私は水田輪作を、水田酪農を先導をきって提唱した。そして現在おおくの同意者をえている。

着想の正しさについては、単に技術的見地によって肯定しうるばかりではない。経済的見地によってもまた同断である。

註　つぎの文献を参照されたい。

座談会…これからの農業技術方向（『農業及園芸』第二十二巻第一号）
佐々木清綱…日本の畜産とその将来（『畜産の研究』第一巻第一・二号）
阿部源一…世界経済の復興が我国農業に及ぼす影響（『一橋論叢』第十六巻第五・六号）
東畑精一…日本農業の再建（大倉山文化科学研究所編『新日本建設原理』所載）
座談会…恐慌対策に総合経営を（『農業朝日』第二巻第一号）
座談会…農地制度をめぐる新しき日本農業の構想（『農林時報』第六巻第一号）

小論をこの辺で終ることにする。
全国の水田耕作農民諸君、立ち上がって下さい。土地革命を徹底的に遂行して下さい。農奴制度の死を促進し、いっさいの中世的汚物を一掃し、陽光の道をまっしぐらに前進して下さい。日本の水田農業技術は、決して行き詰ってはいない。断じて行き詰ってはおらない。

桜井豊著『農業生産力論・水田酪農論』解題

宇佐美繁

桜井豊先生は、昭和一七年九月に北海道帝国大学農学部農業経済学科を卒業して東亜農業研究所へ勤務された。間もなく一兵卒として招集をうけ戦地へ派遣されたが病で帰還し、回復後は研究へ専念した。経済研究室には川俣浩太郎氏をヘッドに、大内力氏、岸英次氏等の若手研究者が在籍しており、戦時体制下という制約はあったがかなり自由な環境で研究生活を送ったようである。「悪夢のような戦争のさ中に於て」やりはじめていた研究の成果は、敗戦直後から次々と公刊された。本巻に収録した『農業生産力論』は昭和二三年に日本農業研究所「農研叢書第一集」として刊行され、『水田輪作と水田酪農』は昭和二三年二月に八雲書店から出版されている。前者は農業生産力を発展させるための日本農業の進路を理論的に整理し、後者はその具体的な姿を啓蒙書的に描いた書である。社会的にみれば、農業生産力の発展方向をめぐる「生産力論争」に「決着」をつけようとした論争の書であり、桜井農業論としてみれば、日本における土地革命に続く農業革命の課題が、封建制のもとで強制された水稲単作農業からの脱皮と有畜水田輪作農業の構築にあり、その担い手は自由な土地利用と有畜化・機械化を可能とする協同経営(注)であることを先駆的に提示した「先導の燕」宣言の書であった。その後の先生の著書は『農業革命と共同経営』(昭和二三年)、『酪農経営の指標』(昭和二四年)、『水田輪作農業に関する研究』(昭和二六年)、『水田酪農の実際と進め方』(昭和三六年)、『農業共同化成功の条件』(昭和三七年)と続いている。それらは何れも、本書で提起した論点を理論的にあるいは実証的・運動論的に深化させたものであった。「研究者としてのデビュー作の中に、生涯にわたる問題意識が凝縮されている」という通説は桜井先生にとっても例外ではない。

1

『農業生産力論』冒頭の叙述は、大塚久雄教授への共鳴と批判から開始される。西欧近代の姿を衝撃的に描いた『近代化の歴史的起点』を貫くモチーフ「歴史がわれわれに与える科学的教訓はこうである。生産力こそ、富であり、富裕であり、経済的繁栄である」「経済繁栄の実態を形作るものは、なによりも生産力の建設と拡充でなければならない」という生産力賛歌は、桜井自身の問題意識そのものであった。批判の対象となったのは、次のような労働生産性と土地生産性を対立的にとらえる視点である。「西欧封建農民とわが国農民とが、それぞれ営むところの農耕の間に極めて顕著な生産力の質の相違があることは明瞭である。すなわち前者においては、土地生産性低きが故に労働生産性が高く後者においては、土地生産性が極めて高きが故に、労働生産性の進展が停滞しつづけている。西欧封建農民のこうした労働生産性の高さ、そこから流れ出づる農民の豊かさ、それから結果するところのものはなんであるか。働けど働けどではなく、働けば働くほど自らの人間的生活を豊かならしめることが出来るという独立自由への可能性である」。

桜井の主張は『一つ一つに離れたものを全体としての秩序に呼び入れて、調子が美しく合うようにするのは誰ですか』(ファスト)ということにあった。俗論的に表現すれば土地生産性と労働生産性を双方向から高め合う「労働=土地生産力併進説」であり、理論的に表現すれば「労働生産力実質化論」である。その「具体的解答」として提示したのが「水田輪作＝水田酪農論」であった。併進論の骨格は「所有の法則」とそれをも止揚する「進歩の法則」である。

「小作農は自作農より生産力が低い」という事実は、土地に対する利己心と愛情に基づく所有の魔術（アーサー・ヤング）が働いていることを示す。そのことだけに注目する論者は、小作農の低生産性の克服を自作農万能薬によって、即ち所有の法則の道筋に置く。

「経営規模の上昇につれて労働生産力も土地生産力も経営生産力も「併進」している」（昭和一二年度「米生産費に関する調査」）事実は、経営規模の差異による経営技術の質、投下資本の違い、例えば労働力利用の合理性、病害虫防除、風害の防止、土地改良の程度、栽培作物の種類及同品種採用の区別、家畜の有無、又は施肥量の大小及その質的差異等によって説明することができる。「資本を活用させて貰う。そのために経営規模を適当に拡大する、ということを約束して貰うならば土地生産力の行詰りも打開し得る」。これは「経営規模を拡大し資本を活用する」という進み方であり、「進歩の法則」である。「労働生産力の向上及び土地生産力の増大という二つの改良はその具体化上共通的措置を期待することが出来る。例えば肥料の増投が肥料散布器の改良と共に行われ、畜力機械を導入して深耕を促し、土地培養を進め、而も作業面の労働を軽減する。」「得たる結論は農業生産力の併進である。この創造的刺激は人心に希望と渇仰の尽きざる泉を与えうるものと思われるのである」。

かくして「日本農業の近代化は進歩の法則を軌道とするものでなければならない」。「所有の法則は進歩の法則によって克服支配せられ消滅して行く」「自作主義や進歩所有両法則の二人三脚主義（適正規模専業自作小農の創定）

はいらない」。西欧型、アメリカ北部型、日本佐賀型が目標となる。「土地生産力は労働生産力を高めるという芝居の敵役を必ずしも演ずるものではない。否それの栄光をもたらす役割を演じ得るものである」。これが桜井の結論である。

ここから日本農業の近代化を自作農主義に拘泥せず、土地所有と土地利用関係の近代化に求め、田中定教授の自小作前進・農業階梯論を限定的・批判的に評価している点は興味深い。「耕作継続の安定度、小作料の割合等、生産関係の問題として把握する立場は一応所有の法則の貫徹を認めはするが、農業生産力増強の方向を自作農創定の道筋にでなく、小作関係の合理化におく。」「田中定教授の農業階梯、小作・小自作・自小作は現在の社会的条件下の法則である。農村及農業における諸制度がもっと合理化せられ、動的条件がより以上与えられた場合、本来の所有法則否階梯の法則すら廃物と化するであろう。小作農が自作農程度の肥料を用い、自作農程度の生産設備を有し、自作農同様の生産力を発揮する時がくるのである」。桜井理論の先駆性は、制約された時代状況の下での姿として自小作前進論を肯定しながらも、その先に所有法則に拘束されない自由な生産力発展を展望しているところにあった。（封建的）土地所有の法則→（自小作前進・階梯の法則）→徹底した土地革命→（近代的）進歩の法則→日本における農業革命、が桜井の描いた生産力発展のシェーマであった。

2

『水田輪作と水田酪農』は叙述形式こそ「教科書」風であるが、今日でも実践課題たりうる論点がふんだんに提示されている。わが国の米単作的水田農業の行きづまり（単作手作業、畑化の阻止、用畜・役畜化の邪魔、限定された商品化）を指摘し、その停滞性を欧州における三圃式農業段階に比定する。欧州では農業革命・輪作農法によって停滞性から脱却した。その進歩性をカウツキーに依拠して家畜飼養の改善、土地耕作の改良、農業への機械・電力・細菌の応用、植物の生理にかなった肥料の使い方の発展等に見、日本でも稲作一本足農業から畜産と二本足で支えられる両肢水田農業・水田輪作への脱却が課題であることを提示する。

その姿は整序した形で明示されていないが、第11、12図と叙述内容から忖度すれば①整備された水田を稲・飼料作物（クローバー等）・麦の圃場として利用する。②飼料作物は畑地化した水田に作付けする。例示されている松岡式では年四作のきわめて集約的栽培方法であり、乳牛一頭を一反で飼養可能と紹介されている。③稲と麦は二毛作とし、藁は飼料として利用する。④これらを全部を含めて農法としては水田輪作農法、営農形態としては水田有畜農業として構築し、⑤その地域には精米工場、糠油の製造、酪農加工場が操業し、生命も物質も労働力も循環する構想であった。こうした水田輪作農法を円滑に進展させるための前提として水田利用の自由を獲得すること、官僚的地主的作付け強制態勢を打破する農村の民主化、土地革命の完成が不可欠である。それは、土地革命の必要性を提起せず、単なる畑作化、経営多角化を提起する大槻正男教授との決定的な違いであることを強調する。その「水田輪作農業を如何におこなうか」。結論は単一家族経営でも資本家的経営でもなく、協同経営である。農民階層の分解は充分におこなわれそうになく農民層全体が零細化し貧農化しそうであること、地力の減耗、生産資本の摩滅、国際貿易の再開など、日本農業の危機が眼前に迫っていること、生産手段の供給も潤沢でないこと、他方で進めるべき農業近代化の道は、経営規模の拡大と資本の活用を要請しているからである。「水田輪作は耕地の合理的な配置、水利設備の整備とそれに合致するような大家畜、自動耕耘機、電力耕耘機等の導入が問題となる。農業の組織化、社会化、そして協同化、これが水田輪作農業への正規の道である」。

自由な土地利用のための土地革命、その基盤の上に構築される高次の水田農業としての水田輪作と水田有畜農業、それを実現するための協同化が桜井の提起した敗戦直後の日本農業の進路であった。加えて、第12図「水田有畜農業における循環関係」には文字通りの有機・循環型農法が描かれている。畜力による耕耘をトラクターに置き換えると今日的な課題である「水田の高度利用と有機・循環型農業」の描写となるであろう。

3

戦後の稲作生産力は、現象的にみれば土地生産性を上昇させながら労働生産性を格段に上昇させる方向で展開した。「労働＝土地生産力併進」である。しかし、それは、労働生産力実質化論にこめられた水田の高次な利用の結果としてではなく、農薬、化学肥料への依存を前提とした「現代農法」の成果としての「併進」であった。生産力発展の具体的な姿として提示した水田輪作、水田酪農、その担い手としての協（共）同経営は、昭和三〇年代までの一時期に盛んに議論されたものの、農村現場では事例的存在に止まり、大勢となることはついになく今日に至っている。それは昭和二〇年代から三〇年代にかけては米の増産が国家的にも農民の心情としても至上命題であり、米単作に偏倚した技術発展がそれを促進し輪作農法を上回る増収をもたらしたこと、畜産が輸入飼料依存の加工型畜産として展開したこと等による。桜井が「反動陣営のチョボクレ」と批判してやまない和田傳氏の、おおむね以下のような主張「日本の農家が主食として五穀をえらび、副食として野菜をとっていることは、この国の風土に適応しながらうちたてた方法であること。同じひろさの土地から、牛肉は一斤しかとれないが、穀物なら一石とれること。平野よりも山地がはるかに多い山国に、膨張する民族を住まわせやしなうためには、肉食を斥け、もっぱら穀食菜食によらなければならないことを知ったのは、われらが天孫族の驚くべき叡智からであった。」とする見解も一蹴できないリアリティをもった側面もあった。しかし、米が過剰となり、土地利用から遊離した畜産のあり方が土壌・水質汚染、ＢＳＥ等の問題を惹起している今日の状況は、戦後農業を席巻した「現代農法」が決して「農業革命」ではなかったことを告発しているし、あらためて日本における農業革命をめぐる議論が展開されることを要請している。そこでは高次の農法としての水田輪作と生命・素材・労働力が正常に循環する有畜水田輪作農業をめぐる議論が不可欠であろう。本書の復刻を機に、桜井の時代からみれば格段に豊富な情報と研究成果を駆使しながら、未完の農業革命・日本農業の進路をめぐる議論が展開されることを期待したい。

注

（1）旧仮名遣いは新仮名遣いにあらためて引用した。

（2）本巻に収めた二冊の著書では「協同経営」、その後の著書・論文では「共同経営」と表現している。一般的には社会主義諸国との関係を意識し両者を使い分けることもあったようであるが、桜井の意図は不明である。

（二〇〇二・十一・二〇記）

［編集者注］解題を書かれた宇佐美繁氏（当時・宇都宮大学教授）は、脱稿後まもなく闘病生活に入り、翌〇三年二月九日に急逝した。ご冥福を心からお祈りしたい。

あとがき

『農業生産力論・水田酪農論』と題する本書の出版は、酪農学園大学名誉教授・桜井豊先生の米寿記念として企画された。桜井先生はロシア革命が勃発した一九一七年（大正六）一〇月一五日、北海道江差町で誕生し、札幌第一中学校を経て、一九三七年に北海道帝国大学予科農類に入学した。そして、一九四〇年に農学部農業経済学科に進学したが、翌年一二月には太平洋戦争が始まり、物情騒然とした一九四二年九月、同学科を卒業された。

北大卒業後、ただちに東京にある㈶東亜農業研究所（戦後、日本農業研究所に名称変更）に勤務することになり、同時期に東京帝国大学から入所された大内力氏とともに、戦時下の厳しい状況の下で、新生日本の農業の方向付けに関わる研究に専心従事することになった。そうした研究蓄積は戦後、日本が民主的改革に邁進していた一九四八年（昭和二三）、春を待ちわびていた花のように一斉に開花し、『農業生産力論』『水田輪作と水田酪農』『農業革命と共同経営』の書名で、相次いで上梓された。

これらの三部作は、①当時の農業生産力論争に決着をつけ、労働生産力と土地生産力の併進説を展開し、②併進生産力の日本的形態として水田輪作・水田酪農を提唱してその経営経済的根拠付けを与え、③農地改革から農業革命を展望する経営形態として共同経営の普及を主張するという、戦後改革期の時代的要請に沿った意欲的かつ清新なものであった。『農業生産力論』の中扉に挿入されている、「必らずまさに絶頂を極むべし。一覧すれば周山小ならん。」という、蘇東坡の言葉は、この時期の桜井先生の一方ならぬ意気込みを示している。

その後、先生は一九六四年に請われて北海道江別市にある酪農学園大学に奉職し、創設間もない農業経済学科の基礎固めに尽力された。その激務の中でも、『新しい農業政策学』『酪農政策論』『農業軽視への反論』『経済再構成と農業基礎論』などの自著を次々と公刊し、受講学生に多大な影響を与えるとともに、言論界に警世を発し続けられた。

酪農学園大学の定年退職後も旺盛な執筆活動を続け、『生産者と消費者を結ぶ牛乳論』(二分冊、一九八五年)、『農業攻撃を正確に裁く』(三分冊、一九八八年)など、桜井理論の精髄を収めた書冊を著し、斯界に隠然たる力を保持し続けた。しかしながら、いまから一〇年ほど前に脳梗塞を患われたことから、執筆活動の中断を余儀なくされ、爾来、賢夫人の献身的な介護を受けながら平安な日々を過ごされている。

桜井先生は研究者としては孤高を持してきた。そのため、同年代の優れた農業経済学者のように多数の弟子に恵まれていない。そうした背景もあって、先生の著作は、選集のような形では公刊されておらず、後進の研究者の目に触れる機会も少ない。しかし、すでに絶版となっている書物、とくに前述した終戦直後の一連の著作は、明治維新、戦後改革につづく第三次の改革が迫られている今日の農業情勢の中で、再度、光が当てられるべき内容を有しているように思われる。そのことにいち早く注目したのは、今は亡き宇佐美繁氏(当時・宇都宮大学教授)であった。生前、同氏は「桜井豊選集」出版の必要性を折に触れて語り、自ら『農業生産力論・水田酪農論』の「解題」

を書かれたが、その脱稿直後、病魔に襲われ、二〇〇三年二月、志半ばにして不帰の客となった。

私（三島）は、最初の勤め先である酪農学園大学農業経済学科において、桜井先生の学恩を受けると同時に、生前、宇佐美氏からつとに「桜井豊選集」出版の相談を受けていた。だが、現在の厳しい出版事情・経済事情からみて、「選集」の刊行は困難と判断し、前述の三部作のうちの二書を合本した『農業生産力論・水田酪農論』（宇佐美繁解題）をとりあえず出版することにした。そのため、桜井先生と関係の深い、大高全洋（山形大学名誉教授）、大谷俊昭（酪農学園大学学長）、中原准一（酪農学園大学教授）と相談のうえ出版事業会をつくり、また桜井ゼミの出身者である神保正志（元農林水産省事務官）、工藤英一（酪農学園大学教授）らの協力を得て、酪農学園大学卒業生および教員、研究者仲間に募金をよびかけた。その結果、多くの方から募金をいただき、企画を実行に移すことができるようになった。

また、予想を超える募金があったことから、関係者と相談のうえ、急遽、別冊として桜井豊著『日本国憲法と農業政策―近代化農政の総点検―』を出版することにした。同書は一九七五年六月に『農村文化運動』（農山漁村文化協会刊）誌に収録されたものだが、憲法改正論議が白熱化している今日に再刊することに意義を感じたからである。こうした諸事情にご理解をいただくとともに、あらためて私たちの出版企画を支援していただいた皆様にお礼申し上げる次第である。

再刊にあたっての原稿整理と校正では、北海道大学大学院農学研究科研究員の宮入隆、および修士課程の井上淳生、清水池義治の諸君の協力を得た。出版の労をとっていただいた筑波書房の皆様とともに、末筆ながら感謝の意を表したい。

二〇〇五年八月

「桜井豊著作出版会」を代表して　三島　徳三

【連絡先】　札幌市北区北九条西九丁目
北海道大学大学院農学研究科　三島教授室
電　話　〇一一—七〇六—三六四〇
ＦＡＸ　〇一一—七〇六—四一七九
E-mail: mishima@agecon.agr.hokudai.ac.jp

著者略歴（執筆当時）

桜井豊（さくらい　ゆたか）

一九一七年（大正六年）北海道に生まれ、一九四二年（昭和一七年）北海道大学農学部農業経済学科卒業。同年財団法人日本農業研究所に入所後、研究員となる。一九六四年（昭和三九年）酪農学園大学（農業経済学科）に移り教授となる。講義は農業政策学と酪農政策論を担当。

一九五六年（昭和三一年）北海道大学より農学博士の学位を取得する。現在、酪農学園大学名誉教授。

主論文は「農業生産力論」。著書は、『農業生産力論』『農業革命と共同経営』『農業協同化成功への条件』『土地経済と土地利用』『農業経営と簿記の利用』『新しい農業政策学』『酪農政策論』『日本酪農の発展方向』『農業経済学の現状と展望』『水田輪作と水田酪農』『水田輪作農業に関する研究』『水田酪農の実際と進め方』『農業軽視への反論』など。

農業生産力論・水田酪農論

2005年9月30日　第1版第1刷発行

著　者　桜井　豊
発行者　鶴見淑男
発行所　筑波書房
東京都新宿区神楽坂2－19 銀鈴会館
〒162－0825
電話03（3267）8599
郵便振替00150－3－39715
http://www.tsukuba-shobo.co.jp

定価は外函に表示してあります

印刷／製本　平河工業社

ISBN4-8119-0287-4 C3061

日本国憲法と農業政策

——近代化農政の総点検

桜井 豊 著／Ａ５判　定価（本体１５００円＋税）

「日本経済と農業政策のあり方」というな視点から憲法問題にアプローチする。